犬猫临床诊断实务

——以异常症状为导引的诊断推理法

Clinical Reasoning in Small Animal Practice

[英]Jill E. Maddison
[英]Holger A. Volk　　编著
[英]David B. Church

董　军　　唐　娜　　主译

中国农业大学出版社
·北京·

内 容 简 介

本书介绍了一种面对病例进行诊断时可以使用的、实用清晰的思考方式，将诊断的推理过程分为四个步骤，并具体结合十三类临床常见的异常表现，详尽地分析了达成诊断所需的思考和推理路径以及常见的辅助诊断手段。

本书旨在帮助兽医学生及兽医新手建立一种条理清楚且合乎病理生理原理的思维方法来诊断犬猫常见的临床症状，这种临床推理方法同样适用于资深兽医梳理思路。

图书在版编目（CIP）数据

犬猫临床诊断实务：以异常症状为导引的诊断推理法 /（英）吉尔 · E. 麦迪逊（Jill E. Maddison），（英）霍尔格 · A. 沃尔克（Holger A. Volk），（英）戴维 · B. 彻奇（David B. Church）编著；董军，唐娜主译 . —北京：中国农业大学出版社，2020.10

书名原文 : Clinical Reasoning in Small Animal Practice

ISBN 978-7-5655-2438-7

Ⅰ. ①犬…　Ⅱ. ①吉…②霍…③戴…④董…⑤唐…　Ⅲ. ①犬病－诊断②猫病－诊断　Ⅳ. ① S858.2

中国版本图书馆 CIP 数据核字（2020）第 192436 号

书　名　犬猫临床诊断实务——以异常症状为导引的诊断推理法
作　者　Jill E. Maddison　Holger A. Volk　David B. Church　编著
　　　　董　军　唐　娜　主译

策划编辑　张秀环　　　　责任编辑　张秀环
封面设计　郑　川
出版发行　中国农业大学出版社
社　　址　北京市海淀区圆明园西路 2 号　　　　邮政编码　100193
电　　话　发行部 010-62733489,1190　　　　读者服务部 010-62732336
　　　　　编辑部 010-62732617,2618　　　　出　版　部 010-62733440
网　　址　http://www.caupress.cn　　　　E-mail　cbsszs @ cau.edu.cn
经　　销　新华书店
印　　刷　涿州市星河印刷有限公司
版　　次　2021 年 1 月第 1 版　　2021 年 1 月第 1 次印刷
规　　格　880 × 1 230　　32 开本　　8.5 印张　　240 千字
定　　价　138.00 元

著作权合同登记图字：01-2019-4627

主译：

董　军　唐　娜

译者：

董　军　唐　娜　于雪芝　吕金宝　徐浩宇

本书参与者

作者简介

吉尔·E. 麦迪逊（Jill E. Maddison）博士

兽医学学士，临床兽医学认证兽医师，哲学博士，澳大利亚兽医学会理事，英国皇家兽医学会会员，英国皇家兽医学院职业发展、课外实习及全科门诊部的主任。她一直亲身参与授课，帮助皇家兽医学院的兽医本科学生及兽医护士学生解决有关临床问题，小动物归纳式临床推理以及临床药理学的教学。她已在兽医学及医学期刊上发表60余篇论文，并多次应邀在国际兽医继续教育培训活动中授课。自2012年4月起，她任职世界小动物兽医协会继续教育委员会主席，该协会一直致力于在发展中国家开展兽医职业教育活动。从2009年第一届伦敦兽医展举办以来，她便一直负责安排该展展期内的各临床培训课程。

霍尔格·A. 沃尔克（Holger A. Volk）教授

兽医学博士，学术实践研究生认证兽医师，欧洲兽医神经学学会文凭，哲学博士，英国高等教育理事会理事，英国皇家兽医学会会员，英国皇家兽医学院小动物转诊医院临床负责人，兽医神经学及神经外科学教授。他是英国皇家兽医学会及欧洲兽医协会认证的兽医神经学专家，曾于2014—2016年担任欧洲兽医神经学学会主席。他一心致力于促进各种形式和程度的兽医专业学习。他是数种基础兽医学及临床兽医学期刊的栏目编委，论著常见于各大专业期刊，并时常在各类国际、国内会议上作报告。

戴维·B. 彻奇（David B. Church）教授

兽医学学士，哲学博士，澳大利亚兽医学会会员，英国高等教育理事会理事，英国皇家兽医学会会员，英国皇家兽医学院的副院长，主管学习及学生体验。他参与撰写了多部专业著作，并发表了大量专业论著。他始终关心执业兽医的继续教育，尤为重视对小动物临床诊断思路的培养。

前言作者信息

Stephen May 教授

剑桥大学兽医学学士（文学硕士头衔），哲学博士，影像科认证兽医师，马骨科认证兽医师

英国皇家兽医学会理事，欧洲兽医外科学学会认证兽医师，英国高等教育理事会理事

英国皇家兽医学院副院长

其他参与者信息

Elvin R. Kulendra 先生

兽医学学士，兽医学硕士

兽医影像学认证，持有欧洲兽医外科学学会认证，英国皇家兽医学会会员

英国皇家兽医学院，临床科学与服务系，小动物外科学讲师

Andrea V. Volk 博士

兽医学博士，兽医学硕士，持有欧洲兽医皮肤病学会认证，英国皇家兽医学会会员

英国皇家兽医学院，临床科学与服务系，皮肤科兽医

译者的话

如何使用本书

在本书中，作者介绍了一种面对病例进行诊断时实用的、清晰的思考方式，将诊断的推理过程分为四个步骤：

第一步，界定异常表现并完善界定；

第二步，判断所涉及的系统并完善判断；

第三步，判断病灶位置；

第四步，确定病灶性质。

为方便读者了解上述推理步骤在处理具体症状表现时的应用，书中相关章节中，随着讲解的进行均标示出了对应的推理步骤。请读者寻找下方示意的特殊标题。

1 界定异常表现

2 判断所涉及的系统

3 判断病灶位置

4 确定病灶性质

用上述推理思路处理一些症状表现时，适用的顺序可能有所不同，相对应章节中上述特殊标题出现的顺序也会不同，请读者留意。

本书为英国皇家兽医学院几位资深兽医联合编写，为了方便读者理解行文中涉及的一些英国兽医临床诊疗与我国有所区别的方面，特说明如下：

1. 英国动物医院分为全科诊疗和专科转诊两级，全科诊疗一般由遍布全国的小型社区诊所承担，是进行大小动物日常免疫保健以及长期护理的第一线动物医疗机构。全科诊所规模有限，故设备和能够实施的复杂诊疗服务也比较有限，诊断手段方面普遍只能进行 X 光和 B 超检查。专科转诊医院一般为较大型，学术性更强，科室划分更为细致，设施更为齐全的动物医院，这些医院可接受全科诊所转诊而来的疑难或复杂病例，提供住院、重症监护等服务，有一些还拥有 CT、MRI 等设备。

2. 为保护专业人员的放射安全，英国的影像学和内镜检查等不使用人工保定，绝大多数病况允许的动物均需经药物镇静甚至麻醉后再进行检查。

3. 英国的兽医教育体系与美国有一定区别，学生高中毕业后即可申请进入兽医学院，完成兽医训练后获得的 BVM 学位（直译为“兽医临床学士”），但此学位在专业和学术级别上与美国兽医教育体系中本科毕业生进入兽医学院获得的 DVM 学位（直译为“兽医学博士”）等同，并无高低之分。另外，此类名为“博士”的兽医学位并非一般意义上通过参与学术研究获得的博士学位，书中将后者直译为“哲学博士”，以示区分。本书作者中持兽医临床学士学位、兽医学博士学位及哲学博士者兼有，故特此说明。

前言

虽说临床诊断推理及决策是兽医师这门职业的核心（这点与医师类似），然而相较于其他许多公认必备的临床技能，进行推理和决策的具体过程却并没有被兽医教育界理解透彻，甚至，还有许多错误的说法大行其道。在这个理应为循证医学而自傲的时代，人们居然只靠着来回空喊诸如“学生阶段不能只靠识别疾病特征做诊断”“应该用科学手段得到诊断结论”“具体分析比识别特征更可靠”以及“依靠客观数据才不会导致解读上的偏见”之类的口号，就真的接受了这些说法，连那些负责教育我们行业下一代新人的人士也是如此，着实令人惊诧。

在这本书中，Maddison 博士和同事们通过对小动物临床上“合乎逻辑的临床决策方法”清晰、易懂地讲解，对上述混乱进行了纠正和澄清。他们的观点既提炼了各自多年临床历练所得，也同样总结他们在课堂上和诊室中为学习者进行各自专长领域的解惑。不过，更加深入地了解脑部功能之后，我们倒可以更加紧密地将他们这些洞见与本书中介绍的思维方法相联系。人类有两种推理方式（Evans，2003，2012）：Ⅰ型（有时称为特征识别）和Ⅱ型（逻辑分析）。我们在生活中总是倾向于使用Ⅰ型来进行决策，因为它更加迅速、高效。这种方式依凭的是我们过去处理同类问题的经验，只要能成功地辨认出问题模式上的相似之处，就可以达到与分析型推理不相上下的准确度。然而在如今这个忙碌的现代社会中，我们对速度和效率的追求，却会轻易陷入“认知吝啬”（Stanovich，2009），即忽视新问题中那些无法套进已知模式中的部分。这种情况下，面对以病患生命或健康为代价的高风险决策，像本书中所强调的那样，使用逻辑分析方法对我们的初步结论进行交叉验证就变得至关重要。

很多人一直在提，应用逻辑分析的临床推理法应该归类于“科学分析法”，这其实是误导人。科学分析法包括建立假设、预估数据并设计实验来验证假设、最后观察前期的预测是否正确等几部分，整个过程统称为“反向推理”。科学分析法在适用的场合下非常可靠，然而，在医疗情境下，对任何一个病患进行诊断都会涉及大量待排除的可能疾病，如果用上述方法逐一假设并验证，我们的认知必将很快不堪重负。即便兽医师们坚持使用科学分析法进行假设演绎，它这时也已经作茧自缚——分析产生的过量数据会降低决策的精准度，而对新手来说这还会导致“分析瘫痪”，即因陷于过度分析，反而在必须采取行动的时候无法行动（Croskerry 等，2014）。

通过观察兽医处理实际及书面病例的过程我们可以发现，真正的临床推理其实是一种正向的、从数据到诊断结论的、归纳式的过程（Patel 等，2005），本书正是采用了这种条理清晰的方式。这使得刚刚开始处理病例的新手和经验丰富的老手都可以清楚直接地明白诊断思路的各个步骤。与反向推理相比，重复使用这种成体系的正向方法还有助于总结临床问题的一些特征，以备日后应用（Sweller，1988）。

William Osler① 曾写道：行医是“实践一门在可能性中取得平衡的艺术”（Osler，1910），医学是“不确定性的科学与可能性的艺术……得出绝对的诊断结论是危险的，也是昧良心的”（Bean，1968）。他在百年前的真知灼见时刻提醒着我们，医学诊断来自对可能性的把握，因而得到的结论常常只是暂时的，一旦获得新的信息，就面临着改动或被推翻。医学诊断方式通常为贝叶斯式，即用现有的临时诊断为下一步的检查提供先验概率，而下一步进行何种检查则取决于该检查的结果能否提高临时诊断为真的可能性。当我们用这些检查手段进行

① 译注：William Osler（威廉·奥斯勒）（1849—1919），加拿大医学家、教育家、现代医学之父。

筛查时，受制于其特异性和敏感性，既可能漏检疾病，也可能出现假阳性结果。然而，若凭借细致的临床查体，谨慎选择并从诊断的角度进行利用，这些检查也可以提高我们对诊断和后续管理的信心。但同时我们仍需时刻牢记，即使使用再高、精、尖的技术，把诊断结论当作绝对真理也是昧良心的行为。

Donald Schön[1] 在他对后世影响深远的著作《反思型执业者》中曾提到过两个令人印象深刻的场景。一个场景是：他将专业人员的（学术）实践形容为占领“俯瞰沼泽的坚实高地”和“泥泞的洼地”，前者代表可以用科学分析手段解决问题的情况，而后者则代表混乱不清，无法用传统科学方法解决的情况（Schön，1983，第 42 页）。你面前的这本书正是针对所有在混乱沼泽中执业的人士写就，因而强烈推荐所有有类似处境的人都开卷一读。Schön 提及的另一个场景是：钢琴家想让他的一个学生改变弹琴的方式，但却无法马上说明白学生到底应当作何改变（Schön，1995），最后这位钢琴家不得不亲自坐到琴凳上弹奏相关乐段，才搞清楚他认为恰当的具体指法。众所周知，行业专家其实很难将他们已经成为本能的思维过程具体提炼出来，传授给他人，而且因为难度很大，反而容易在梳理思维的过程中出错而造成曲解。正因如此，我同样强烈推荐所有乐于明了自身思考方式的资深执业兽医师阅读本书，以便更好地以一种已经证实的、循证的方式帮助后来者学习。

斯蒂芬·梅

Stephen May

① 译注：Donald Schön（唐纳德·舍恩）（1930—1997），美国当代教育家、哲学家、美国“反思型教学”思想重要倡导人。

参考文献

Ark, TK., Brooks, LR. and Eva, KW. The benefits of flexibility: the pedagogical value of instructions to adopt multifaceted diagnostic reasoning strategies. Medical Education 41: 281-287, 2007.

Auclair, F. Problem formulation by medical students: an observation study. BMC Medical Education 7: 16, 2007.

Bean WB. Sir William Osler: aphorisms from his bedside teachings and writings. 3rd ed Springfield, IL: Charles C Thomas; 1968, p 129.

Croskerry, P., Petrie, DA., Reilly, JB. and Tait, G. Deciding about fast and slow decisions. Academic Medicine 89: 197-200, 2014.

Evans, JStBT. In two minds: dual-process accounts of reasoning. Trends in Cognitive Sciences 7: 454-459, 2003.

Evans, JStBT. Spot the difference: Distinguishing between two kinds of processing. Mind and Society 11: 121-131, 2012.

Osler W. Teacher and Student. In Aequanimitas, with other addresses to medical students, nurses and practitioners of medicine. Philadelphia, PA: P Blakiston; 1910, p. 40.

Patel, VL., Aroche, JF. and Zhang, J. Thinking and reasoning in medicine, in K. Holyoak Cambridge Handbook of Thinking and Reasoning. Cambridge University Press, 2005. pp. 727-750.

Schön, DA. The reflective practitioner: how professionals think in action. San Francisco: Jossey-Bass; 1983.

Schön, DA. Knowing-in-action: the new scholarship requires a new epistemology. Change: The Magazine of Higher Learning 27 (6), 26-34, 1995.

Stanovich, KE. Rational and irrational thought: the thinking that IQ tests miss. Scientific American Mind , November/December, pp 34-39, 2009.

Sweller, J. Cognitive load during problem solving: effects on learning. Cognitive Science 12: 257-285, 1988.

致谢

感谢我们过去和现在所教过的所有本科生和研究生们，以及与我们一起工作过的、来自世界各地的所有临床兽医们。你们带来灵感，你们参与塑造了我们在解决临床问题方面的施教和学习方式。

感谢我们的同事 Lucy McMahon，Ruth Serlin，Fran Taylor-Brown，Jane Tomlin 以及 Martin Whiting 帮忙审阅许多章节的初稿，并提供了富有洞见的建议。

最后，本书所展现的整个奇妙旅程能够成为可能，应归功于 David Watson 和 Brian Farrow 的洞察力、远见和灵感。

目录

第一章　针对异常表现的归纳式临床推理法

Jill E. Maddison 和 Holger A. Volk
皇家兽医学院，临床科学与服务系，伦敦，英国

本书旨在帮助你建立一种条理清楚且合乎病生理原理的思维方法来诊断犬猫常见的临床症状。对兽医们来说，有了解决临床问题的可靠思路就像有了地基和脚手架，不管见没见过某个病症都有望做出正确诊断。另外，运用本书介绍的思维方法，你便不必苦背冗长的鉴别诊断清单，从而能把宝贵的脑力用在解决复杂的病例上。这本书并不打算拿不同疾病的各种细枝末节轰炸你——外面多的是优质的课本和资源可以满足这种需求。我们想要提供给你的是一个帮你恰当运用兽医专业知识，并最终解决临床问题的思维框架。

驾校的第一节实操课往往最为难忘，因为那对我们自己和教练都堪称一场挑战。为了把车开好，我们不得不有意识地考虑一大堆事情。但随着经验越来越丰富，我们便越来越有余心在开车的同时做许多与驾驶无关的事情，比如与乘客交谈，听广播并调台。如果刚开始学开车的时候就去做这些事情，我们估计早就出事故了。经验越丰富，我们做某件事的时候就越少需要特别思考，这便是达到了无意识胜任（unconscious competence）的状态。

临床兽医教育中也存在同样的规律。从兽医学生成长为兽医师的长路伊始，我们学习专业知识和技能采用的是主动自觉、依循条理的方式。因此绝大多数高校的兽医本科课程要么依机体各大系统，要么依不同动物种类，要么两者相结合来安排授课——这是帮助学生夯实基础知识并理解疾病机理和疗法的绝佳方式。然而当一只动物或一群动物生病的时候，它们表现出来的临床症状却可能是多个系统的多

种异常共同作用的结果——可能的病因简直不胜枚举。这些动物出现在兽医面前的时候可不会有个标签贴在头上，写明他们得的是什么病（太可惜了！）。因此，为了充分调动知识储备，年轻的兽医们需要找到一个靠谱的临床推理方法，以便将知识与眼前的病例相结合、相联系，进而对可能的病因进行合理的评估，这样才能更顺利而有针对性地确定恰当的诊断和/或处置方法，并且思路清晰地与动物主人顺畅交流。

下一阶段，当你成长为资深兽医时，你的临床判断和决策过程会变成一种潜意识或本能。在医学著作里，医师们这种迅速的、下意识的临床决策过程被称作医学直觉或医学的“艺术”（the art of medicine）。而有意识的思考则常被称作（循证）“科学”或医学分析（analytic）。医学直觉随情境而变，会受到医师的个人经验影响，依托于具体问题，而且并没有很明显的因果逻辑。为什么强调这一点呢？资深兽医们大概有过这样的念头——“我就觉得这只动物绝对是得了这个病”。他们的潜意识提供了结论，却欺骗意识让后者以为临床决策来自合理假设和因果关系。对资深兽医来说，如果运用这种医学直觉，或者叫“病征识别（pattern recognition）”，可以得到正确的诊断，那倒也没什么不好。然而，当结果并不正确的时候，我们得知道为什么诊断会出错，并且得有一个能理性地追溯我们的决策过程的系统在手里。本书不会在你拼命要调用曾经烂熟于心的各种知识时妨碍你，而正是要提供给你能解决任何临床谜题，解放潜意识能力的工具和思路。

为什么有些病例令人沮丧，一点乐趣都没有？

试着回忆一个你最近遇到的扫兴或者棘手的临床病例，你是否能说出它难在哪里？

让某个病例丧失趣味的可能原因有很多：

- 是不是因为动物主人？（例如：主人不切实际地想着什么都不付出，动物的疾病就能治好？不愿意或无法支付诊断必需的检查项目？无法提供完整的病史？）

- 是不是因为病例太过复杂而且看上去哪种病都不像？
- 是不是因为你想不起来与病情相关的全部专业知识，导致推理出现了偏差？
- 是不是因为动物的特征，尤其是品种和性别迷惑了你的临床决策而导致鉴别诊断的方向出了差错？
- 是不是因为这个病例看上去符合某种病的特征，结果检查结果却推翻了你最初的诊断？
- 是不是因为你花了动物主人很多钱做检查却没得到能说明问题的结果？

你是否还能举出其他你经历过的，可能使临床病例变得棘手或带来挫败的因素？

除了动物主人方面的因素（我们或许在这方面也能帮上点儿忙，详见后文），我们希望通过本书的讲解可以着手解决一些常见障碍，使临床诊断变得正确、快速而高效，并且让解决医学谜题充满乐趣。

处理临床病例

对于呈现出一个或多个临床异常的患病动物，有许多种方法都可以用来深入剖析病情，以便列出一个待鉴别排除的备选诊断清单。其中一种是之前提过的病征识别——梳理动物的临床症状并与某类已知的疾病比照，也有人管这个叫“疾病蓝本①”。另外一种方法则是靠验血来获知动物病况——这也称为基础数据②。或者我们更可以针对具体异常表现进行临床推理。通常，我们会将三种方式结合起来。

① 译注：即 illness scripts，医学临床推理概念，化用自认知科学中的脚本理论（script theory），脚本理论原指人的认知会将新体验套用进已有知识或经验中进行比照理解。

② 译注：Minimum database，后文的临床病理学（clinical pathology）也是指这类检查手段。

病征识别（Pattern Recognision）

要想进行病征识别，我们得记住符合动物所呈现的这一套症状/病理变化的所有可能疾病。于是，只有在以下情况时使用这种方式才最为简洁合适（但依然有可能产生遗漏）：

- 呈现典型症状的常见疾病
- 呈现某种疾病独有的症状模式的病例
- 兽医已经分辨并考虑了所有临床症状，并且考虑了除收治动物的特征和核心症状之外的其他各种情况。
- 符合条件的只有有限的几种备选诊断，而且它们：
    - 很容易记忆
    - 或可以通过常规检查逐步排除
- 兽医师本人经验非常丰富、阅读广泛且了解学科最新进展，经常批判性地反省总结自己做过的诊断，并且记忆力超群。

用好病征识别可以有效地诊断许多常见病，它的优势是见效迅速且成本低廉，当然是在诊断结果正确的情况下。另外，使用这种方法的兽医在动物主人眼里显得行动高效、自信满满……当然还是在诊断结果正确的情况下。

然而，对部分经验尚浅（因此见过的疾病套路还太少），或者只考虑/认出了一小部分病症（而且并不知道病症识别主要由潜意识完成且需要经常总结经验教训）的兽医来说，这个方法可谓缺点多多，差强人意。即便是有经验的兽医，也可能因为遇上罕见病、常见病的非典型症状、患病动物呈现多种无法很快识别为特定疾病的症状，或者症状并非某几种疾病独有，而感受到病症识别的缺陷。另外，对于有经验的兽医来说，依据过去成功诊断特定的病征的经验，并且时刻提醒自己同样症状不一定出于同一疾病，才能真正成功运用病症识别。病症识别有可能导致危险的思维局限，这时兽医师会一路追寻着自己由识别病征得出的初步临床判断，而对其他诊断可能视而不见。他们接下来可能会向着支持自己初步诊断的方向解读检查结果，包括选择性忽略不符合他们诊断期望的数值。这个现象在心理学著作中称作确认偏差——即人们会倾向于认同那些确证了自己心中信念或假说的信息。最后，完全依赖病征识别解决临床问题的缺点在于如果兽医们随后意识到病征识别出了差错，他们也没有一个理性而符合逻辑的思路来重新对病例做出判断。因此，依赖疾病特征来评估临床病例最好的结果是得出迅速正确又划算的诊断，最坏的结果却是白费金钱和时间，甚至危及患病动物的生命。

我选择验血！

常规诊断检测方法如血常规、生化试验和尿常规检查对了解患病动物的临床病情极为有用。不过，在进行诊断之前仅靠血液检查（通常称为基础数据）来获取患病动物的信息，或许确实能反映某几个系统的异常，但对其他系统的状况却可能毫无体现。例如肠道、脑部、神经、肌肉、胰腺（猫）和心脏病变，即便已经极其严重甚至危及生命，也极少会导致常规血象和生化指标上的明显变化。过于依赖常规血液检查来指导我们的诊断方向的另一个问题是：有时候检查结果并没有清晰明确的诊断意义。这样做的话，你会浪费大量时间和动物主人的金钱寻找线索，实际上对动物出了什么问题却难有头绪。另外很显然的是：无差别地进行血液检查导致的花销值得掂量，很多主人也并不能，或并不乐意承担综合性检查的费用。用血常规和生化来进行“筛查”还可能会误导诊断，因为任何检查手段的特异性和敏感性都会受到群体中发病率的影响。

对于经验丰富的兽医来说，病征识别再加上“蓄意探查”（即“我也不知道这是怎么回事，所以我就去验验血，说不定能找出什么问题来！”）可能确实可以成功地解决很多初诊诊所中的病例。但总有些病例不会轻易让你用这种方法破解它们的秘密，而正是这些病例让兽医们焦头烂额，让动物经受更长时间的病痛折磨，让兽医与动物主人交流不畅，破坏与动物主人之间的互信关系，剥夺临床执业生涯应有的乐趣。而且，为了能用上这种方法，你得了解并牢记大量疾病的诊断特征。如果兽医本人并不能认出或者记起各种可能的鉴别诊断，又或者，像我们前面讨论过的，症状组合并不能指向有限的几种可供鉴别的诊断结论，使用这种方式就很成问题了。这样的方式同样不适用于经验尚浅、中途离职后又重新回到临床岗位，或者刚转换了专业领域的兽医。

正因为上述这些原因，我们希望阅读本书可以提高你处理临床问题的能力，并加深你对病理生理知识要点的掌握。我们希望能帮助你构建一个有条有理、容易记忆、可靠、可以广泛用于解决临床问题的思维方法。这个方法的正式名称是：针对异常表现的归纳式临床推理法。

针对异常表现的归纳式临床推理法

运用本方法时，我们会逐一评估患病动物所呈现的每一个主要临床病理异常，然后再将这些异常联系起来考虑。我们会先考虑患病动物呈现的最为特异的临床症状，考虑它的疾病生理基础和首要问题（见后文），然后再去审视整体的症状组合。这种方式可以确保我们除了第一反应想到的诊断之外，也能考虑到其他可能，从而避免因识别出某种病征组合而局限了思维。例如，如果动物呈现呕吐、多饮、脉搏短绌等多种症状，我们首先应分别分析每项异常，之后再考虑它们与其他表现的联系，以期找到可以解释所有症状的一种或多种疾病。这样一来，你便可以按部就班地对每一个问题进行鉴别诊断而后进行综合考量，而不用死记会导致某一套症状的每一种疾病。值得注意的是，你的思路不应该受到动物品种、年龄、性别的局限，这些信息应该只作为风险因素加以考量。

因此，使用临床推理法时，我们同样会去寻找特定的病征模式，但在那之前我们会先进行理性分析，避免诊断过程中的思维受限。

临床推理法的关键步骤

第一步　异常清单

列出异常清单

要想合乎逻辑地解决临床问题，第一步便是明确并清晰地表述患病动物的临床异常表现[①]。做到这一点最好的方式就是列一份清单——在脑海里，或者如果病例非常复杂的话，在纸面或电脑上。

列出异常清单有什么用？

- 使症状明确，便于理解
- 使描述更加具体
- 帮助兽医确定哪条症状是关键的临床异常而哪条只是干扰项
- 最重要的是，防止不够明显但却非常关键的症状遭到忽视

识别异常表现并按优先级排序

识别出各项异常之后，你需要按照特点决定它们各自的优先级，然后排序。

举个例子，食欲废绝、精神沉郁和昏睡都是非特异的临床症状，并不指向机体特定系统，而且与非常多的疾病有关。相反，呕吐、多饮多尿、癫痫发作、黄疸、腹泻、黏膜苍白、虚弱、出血、咳嗽和呼吸困难则都是更加特异的症状，可以作为“诊断线索”指导下一步的临床检查。兽医不断深入了解患病动物病情的首要目的便是寻找有用信息，以更加具体地定义各项异常（即不断排除备选诊断，缩小范围），直至最终得到特定的诊断结论。

特异性是相对的！

某项异常在诊断上的相对特异性会因整体状况而有所不同。例

① 译注：不同于通常的症状学或诊断学理论，作者在这里引入了一个“problem”的概念，在书中指代“经分析识别后，在异常清单中罗列出的，值得关注的关键临床症状”，这一概念本书统一译为“异常表现”，以便与行文中出现的“临床问题（clinical problem）”等常规语义的表达加以区分。

如，在呈现间歇性呕吐和昏睡的犬上，呕吐是最为特异的异常，因为导致呕吐的病因很可能同时也可以解释昏睡现象。反过来，如果这只犬除间歇性呕吐和昏睡之外，还呈现有黄疸，那么黄疸将是最为特异的临床异常。因为大多数导致黄疸的病因可以同时导致呕吐，但导致呕吐的病因却并不都能导致黄疸。这种情况下，以呕吐作为“诊断线索”就意味着你需要额外浪费时间和手段去排除很多原本可能性就不大的诊断选项，而以黄疸作为“诊断线索”则可以更加迅速地完成诊断，因为与黄疸相关的诊断选项要少得多。

也就是说，虽然我们会逐一对每一个列出来的临床异常进行一定程度的分析思考，但当某个异常最为特异且其他异常都与之相关联（这一点很重要）的情况下，我们的诊疗计划将更加集中于这个最为特异的异常（即“诊断线索”）。如果你不能确定每个异常都与某一诊断相关联，那么你需要将它们作为可能相关也可能不相关的独立项目，分别进行彻底评估。依据下面的这些条件，可以推断症状来自多个临床问题：

1. 各个症状发生的时间有很明显的差异，说明有可能同时存在多种疾患。

2. 各种异常之间并不协调一致，似乎疾病以无法识别的方式涉及了多个机体系统。

3. 与病例相关的其他线索。如全身性治疗缓解了某些症状，但另一些症状并未缓解。

我怎样才能知道哪个异常表现是特异的？

正如前文所言，特异性是个相对的概念，因具体病例不同而各不相同。你可以参照下面这些线索来决定动物身上哪个异常最为特异。

异常表现是否有明确的诊断途经，只涉及少数几个身体系统或有限的鉴别诊断可能？

以呕吐和食欲下降为例：

- 呕吐作为一种异常表现有非常明确的诊断方法（参见第二章），而食欲下降却有无数种可能的原因，并且缺少具体的诊断途经（参见第四章）。因此比起食欲下降，呕吐是更加特异而恰当的“诊断线索”。

某个异常表现是否可以用其他异常来解释，但反过来则解释不了，或者某个异常表现相应的诊断可以解释其他各个异常表现，反过来则不行？

以呕吐和黄疸为例：

- 如前文所言，黄疸比呕吐更加特异，因为导致黄疸的大部分病因也可能导致呕吐，但很多导致呕吐的病因无法引发黄疸。
- 因此，黄疸的诊断方法较之呕吐更加明确（见第十章），且相比呕吐，黄疸相关的备选诊断也比较有限。

别忘了从患病动物整体的角度考虑每个异常表现

一旦你终于针对某项最为特异的异常缩小了备选诊断的范围，你就可以用它来指导接下来的检查和治疗计划。不过别忘了把那些不那么特异的异常也纳入你进行鉴别诊断的考量当中。

例如，某病例的特异性异常表现是多饮多尿，尿比重（比重的国家标准为相对密度，后同）为 1.002（低渗尿），而非特异性异常则是食欲废绝。那么当你考虑与有低渗尿的多饮多尿相关的备选诊断时，那些病征中不包括食欲废绝的疾病（如心理性多饮、尿崩症、肾上腺功能亢进）是正确诊断的可能性就要低于那些经常导致食欲废绝的疾病（如高钙血症、子宫蓄脓及肝脏疾病）。这种情况下并不需要完全排除掉前面那些备选诊断，只是当你做进一步排查的时候，它们的优先级应低于后面那些备选诊断。

于是，思路应该是这样的：“导致低渗尿的疾病有……（详见第十二章）而在这只患病动物身上最有可能的疾病是……（鉴于已有的其他症状或病理变化）。”也就是说，我们用非特异性的异常来修正对特异性异常的评估。可能有人会说，这不就是病征识别吗？某种程度上确实是的。不过，列出明确的异常清单（从而避免忽视细微的症状）以及以上述方式评估特异性异常的这几个步骤，会使兽医除了病征识别最可能得到的那些最为直观的诊断（如认为猫多饮多尿即提示肾衰）之外，也能考虑到其他那些可能。而正如我们在本章稍后会讨论的，评估特异性异常所采用的具体步骤也会降低风险，使得随病征识别出现的局限思维及确认偏差不那么容易发生。

某个备选诊断是真的可能性有多大？

优先级排序也会受到相关备选诊断可能性大小的影响。俗话说：常见的事情就是常见。因而，虽然你无论如何都不能因此就忽视罕见疾病发生的可能，但在符合已有信息的情况下，检查和分析还是应该优先集中在最可能发生的备选诊断上。

第二步　这讲得通吗？

请反复思考下面这个问题，尤其是针对某个异常表现解读临床病理或者其他检查结果的时候——“这讲得通吗——这个临床病理结果可以解释动物表现出的异常症状吗？”优秀的兽医往往也是优秀的侦探！

例 1

举个例子，某犬精神沉郁，食欲废绝，呕吐并且多饮。它的血糖值为 12 毫摩尔 1 升（稍高于参考范围），尿糖 +++，尿中无酮体。那么糖尿病是否可以解释这只犬的所有临床症状呢？不能——无并发症的糖尿病通常不会导致精神沉郁，食欲废绝以及呕吐。这几项症状恐怕另有原因。糖尿病酮症酸中毒有可能发生，但已经被尿常规检查排除了。因此，你需要继续为精神沉郁、食欲废绝及呕吐找到一个合理解释。

例 2

另一个例子，某病犬（精神沉郁，食欲废绝并呕吐）的临床病理学检查结果符合肾上腺功能亢进的特征。这个结论能够解释该犬的全部症状吗？不能——无并发症肾上腺功能亢进患犬并不会表现代谢性的不适症状。在开始针对肾上腺功能亢进的检查之前，你需要找到并解决导致不适表现的原因（同时发生的其他疾病会严重干扰肾上腺功能检查）。

第三步　从病生理学角度思考

临床推理的另一个必备步骤是从病理生理学角度思考问题。我敢肯定我们之中没有一个人在念兽医学院的时候能意识到理解病理学和病理生理学对理解临床医学有多重要。

例如，面对患重度低钾血症的动物，与其拼命死记导致低钾血症的所有疾病，不如回想机体丢失钾，或无法获得钾，又或者消耗过多钾的可能途经。一旦养成这种思考习惯，你甚至可以诊断出你自己都没有听说过（或者尚未得到科学描述！）的疾病。这同样会激励你学习更多疾病病理生理理论，进而得以更加深入理解内科学，并最终牢固掌握相关知识。

针对异常表现的思维方法

每个人可能都对针对异常表现的思维方法有不同的理解，你可能已经读过相关资料或者上过相关课程。有些人将之解读为“列出异常清单，然后再把每个异常的所有备选鉴别诊断全部列出来”——完全不现实，除非你有卓绝的记忆力和无限的时间。另一些人则将之解读为“列出异常清单，然后列出你觉得可能的备选诊断以供鉴别”——这实际上只是病征识别的变体而已，不过列出异常清单这一步还算是开了个好头儿。

本书以针对异常表现的临床推理法为核心，这个概念比“针对异常表现的思维方法”要更加准确一些。此方法各步骤条理清晰，足以填平从异常清单通往鉴别诊断清单的巨大鸿沟。你只需严格遵循下列问题对清单上罗列出的异常表现进行分析解读：

- 是什么异常表现？
- 涉及哪个身体系统，如何涉及的？
- 异常表现位于系统中的哪部分？
- 具体病灶在哪里？

上述问题的答案或者追寻答案的过程将引导你对动物主人进行恰当的提问以获得病史，同时也可能提示你在进行体格检查时对某个方面多加留意，并且/或者会提示你得到解答需要的最适检查项目，以及让你为解读检查结果做好思想准备。

1 界定异常表现

举例：动物主人说犬发生呕吐，实际情况真的是呕吐吗？还是返流？甚至其实是在咳嗽？

我们分析患病动物表现出的重要症状时，必需的一步是尽量具体明确地定义异常表现。俗话说得好，“清晰界定问题是成功解决的关键。”因此第一个需要思考的问题就是“是否存在其他可能与这个异常相混淆的临床症状？”这是极其关键的一步，界定模糊的后果常常是使原本可以非常简洁清晰的临床检查过程脱离正轨。

我们还可以举出其他需要界定异常表现的例子：

- 动物主人说狗会时不时发癔症——它究竟是癫痫发作，阵发性晕厥，前庭发作，还是其他少见的疾病发作？（详见第七章）
- 动物主人说狗的尿是红的——是因为尿里有血液，血红蛋白还是肌红蛋白？（详见第十一章）

1 完善界定

有些异常表现需要进一步地仔细界定来确定最佳诊断方式。

例如下面这几种：

- 消瘦——是食欲不佳导致的，还是食欲正常但另有原因？（详见第三章）
- 倒地——意识清醒还是不清醒？（详见第六章和第七章）

为什么界定异常表现并加以完善很重要？

很多在动物主人看来一模一样，甚至在兽医眼中也非常相似的异常表现本质上却大相径庭，进而需要考虑完全不同的鉴别诊断，采取不同的检查手段及后续治疗和管理方式。也有很多动物主人认为与某方面疾患相关的症状，事实上从兽医的专业视角看来却提示了完全不同的另一种病变。错误地或不完善地界定异常表现常常导致人们花费了很多时间和金钱，结果检查和治疗的却是完全不相干的疾患。与此同时，真正的疾病却遭耽搁，延长了病程和患病动物的痛苦，甚至危及其生命。动物主人可能需要支付大量原本没必要支付的治疗费用，使得医患双方都很懊恼，甚至损害兽医与动物主人间合作互信的关系。

2 判断所涉及的系统并完善判断

一旦界定了异常表现，接下来就需要考虑所涉及的机体系统。任何一个临床症状背后都必定会有一个或几个机体系统参与其中，并“制造”了表现出来的这个症状。另外一个非常值得思考的角度是——系统是如何牵涉到病程中的？具体而言，这里的关键就是：“哪个（些）系统的异常导致了临床症状？”以及“导致临床症状的究竟是这个系统的原发性（即结构性）病变，还是受累于其他因素而产生的继发性（即功能性）异常？”

比如下面这几个例子：

- 呕吐总是与胃肠道系统有关。有时这种关联直接缘于消化道内的原发病变，如寄生虫，炎症，肿瘤和异物，这些称为原发性（结构性）消化道疾病；但也有时呕吐症状来自胃肠道之外的其他器官（如肝脏、肾脏、肾上腺和/或胰腺）的功能障碍，这时便可将其归于继发性（功能性）消化道疾病。
- 全身无力通常与神经肌肉系统有关，可能是神经肌肉系统的原发疾病（如炎症、毒素、肿瘤和感染）导致的，也可能来自继发性神经肌肉系统疾病。比如其他器官的病变导致内分泌失调（如低血糖症、贫血、缺氧、电解质失衡），使得神经肌肉系统无法正常发挥功能。

为什么判断所涉及的系统并完善判断很重要?

同一个系统的原发性（结构性）疾病与继发性（功能性）疾病，其鉴别诊断、检查手段、后续治疗和管理方式都大不相同。对系统原发性（结构性）病变的检查常常会涉及影像观察（放射、超声、断层检查，内镜或手术探查）和/或取样（活组织检查），而血常规，生化或尿检则居次要位置。反之，对继发性（功能性）障碍的检查、认识和最终诊断却非常依赖血液学和生化检测。

错误地或不完善地判定所涉及系统常常导致人们花费很多时间金钱，结果努力探查和治疗的却是完全不相干的疾患。与此同时，真正的疾病却遭耽搁，延长了病程和患病动物的痛苦，甚至危及其生命。动物主人可能需要支付大量原本没必要支付的治疗费用，使得医、患双方都很懊恼，甚至损害兽医与动物主人间合作互信的关系（永恒不变的套路，发现了没？）。总之，如果你面对一个病例，除了试图识别“病征”之外不知道还能干什么，不如逐一按照已经找出的异常表现问问自己——涉及哪个（些）系统？如何涉及——原发还是继发？这些简单的问题会使你茅塞顿开，而后想起许多只靠观察“病征”绝不会想到的备选诊断。

这里还有另外一些例子：

- 慢性咳嗽——心血管系统还是呼吸系统？（详见第八章）
- 黄疸——肝前性（溶血）还是肝性/肝后性障碍所致？（详见第十章）
- 心律不齐——原发性（结构性）心脏疾病所致，如扩张型心肌病，还是心外疾病所致，如胃扩张/扭转或脾脏疾病？（详见第六章）
- 多饮多尿——源自原发性多饮，原发性（结构性）肾脏病变（慢性肾病），还是源自肾脏之外的功能障碍如糖尿病，高钙血症或肾上腺皮质功能减退？（详见第十二章）

对于一部分异常表现，还有另一个相关，并且颇类似的问题值得思考：该异常表现来自局部，还是来自全身性的病变？

- 鼻出血——提示鼻腔局部疾病，还是全身性疾病如凝血障碍或血液黏滞性过高？（详见第十一章）
- 黑粪症——来自局灶性胃肠道病变（如溃疡——其本身可能是由原发或者继发性胃肠道疾病所致）或全身性疾病如凝血功能障碍？（详见第十一章）
- 癫痫发作——由脑部病变如肿瘤、感染或炎症所致，还是全身性电解质失衡或中毒所致？（详见第七章）

如何区分系统问题是原发还是继发？

病史中常常会包含有助于判定所涉及系统的线索，但也可能你得等到进一步的检查结果出来之后才能找到答案。但记得一定要考虑到这个问题，以确保你记得系统可能通过原发病变，如炎症、肿瘤、退行性变化或感染，而直接与异常表现相联系，也可能受到其他间接因素的影响从而产生功能上的障碍并导致异常表现。

3 判断病灶位置

举个例子：某个异常表现经确认来自原发性胃肠道疾病，那么，病灶究竟在胃肠道的哪个位置上？

考虑这个问题可帮助你选择恰当的方式找到答案或者进行下一步骤。

比方说，如果病史、查体和其他辅助检查都提示病灶在小肠，胃镜就不能算是恰当的检查和采样方法，但如果你综合其他各种信息认为病灶在胃部，胃镜则可算是最为理想的探查手段。

另外一些例子：

- 继发性胃肠疾病所致呕吐——病灶在肝脏、肾脏、肾上腺还是胰脏？（详见第二章）
- 神经肌肉系统功能障碍所致后肢无力——是脊髓（哪一段？）、外周神经、肌肉还是大脑出了问题？（详见第六章）
- 血尿——尿道、前列腺、膀胱还是肾脏病变？（详见第十一章）

4 确定病灶性质

判断清楚是哪个系统的哪个位置发生了病变之后，下一个问题通常是："什么样的病变？"即相应的病理变化。提前记忆一些各系统可能发生的大致病变会很有帮助——例如退行性变、畸形、代谢性、肿瘤性、营养性、感染性、炎性、自发/遗传性、外伤性、毒性和血管性（Vascular）病变（可用首字母缩写 DAMNIT-V 或口诀"染、发、伤、畸、代退、炎、养、血、瘤[①]"帮助记忆）。病理变化发生的可能性大小需依据所涉及的系统和器官，患病动物的特征（物种、品种、年龄、性别等）、临床发病状况、临床症状发展、是否疼痛、病患所在地理位置以及当地种群中某种疾病的发病率来判断。

对病灶的评估也可能要考虑所在动物医院的性质，是社区初诊诊所，还是大型医院的转诊病例等。因为常见的事情就是常见，或者说："暗夜中传来的蹄声更可能来自家马而不是斑马（除非你正在非洲大草原上！）"。这当然不是说初诊诊所的兽医没必要考虑罕见的疾病（它们很显然更可能作为疑难病例出现在转诊医院里），只是在诊断初期我们通常优先考虑更加常见的疾患。

举个例子：你面前有一只病灶在胃部的患病动物——这个病灶是肿瘤、异物还是溃疡？

你可能需要进行影像检查或者采样才能辨明病灶性质，但你得先抵达病灶位置，不然一切都无从谈起。

其他一些例子：

- 核磁共振检查发现的脊髓病灶——是炎症、感染还是肿瘤？
- 下泌尿道疾病导致的血尿——是炎症、结石还是肿瘤？
- 大肠腹泻——寄生虫、感染、溃疡、狭窄、肿瘤还是食物导致的？

① 译注：病灶可分为退行性（D）、发育性（D）、畸形性（A）、代谢性（M）、肿瘤性（N）、营养性（N）、炎性（I）、感染性（I）、外伤性（T）、血管性（V）10 种，文中口诀都是方便记忆而做了简写的版本，读者也可以按自己的偏好找到适合自己的记忆方法。

如何正确界定异常表现并判断相关系统、位置及病灶？

用哪些诊断手段来确定异常表现、所涉及系统、解剖位置和病灶取决于具体面对的临床问题。

例如，有时候可能需要应用临床病理手段来判定异常表现，但大多数情况下，通过病史（疾病的发生和发展）以及临床查体就可以确定。同样的，一些病例可能需要用到诊断检查才能确定涉及的机体系统，另一些则只需要病史和查体即可获得足够线索。有些情况下整个流程会非常直观，一旦界定了需要解决的异常（如返流），所涉及系统和解剖位置便不言自明（对返流来说就是胃肠道系统前部——食管或咽部病变）。至于神经系统疾患，一般查体和神经系统检查通常便可确定异常、涉及系统和定位，只余病灶性质留待使用诊断检查手段确定。

综合考量

判断异常表现、系统、位置和病灶性质并不必须严格遵循上述顺序。某些异常表现如咳嗽和腹泻，对位置的判断应先于对系统的判断，而且确定了位置才能更好地判断系统（这两个异常表现我们将分别在第三章和第八章进行详细讨论）。而另一些异常表现如瘙痒（第十四章），你甚至可以干脆从界定异常直接跳到判断病灶性质。不过总的来说，绝大多数临床问题的处置都可以从回答四个关键问题开始——需要解决的异常是什么？涉及哪个（些）系统？病灶的位置在哪里？病灶的性质是什么——这将帮助你构建出一个引导你进行临床推理、得出诊断结论，确定治疗方案的思维框架。于是，比起站在呕吐不止的病患面前拼命想："它究竟是有胃肠异物？还是肾衰？还是肝脏肿瘤？"你会把最初的精力用在判断主要异常表现和所涉及系统上，并借助这些信息合理而恰当地按照合适的优先顺序列出鉴别诊断清单（通常这一步就已经可以体现出可能的病灶位置和病灶性质）。

这种方式进行的诊断会更加全面，因为一旦有需要，你便可以随时考虑到所有其他诊断可能。

那么病征识别还有用吗？

有必要重申，对很多病例来说，病征识别都是一种恰当合理的诊断方法——只是使用它需要依赖你的临床经验、知识储备、技术水平和观念。如果一只大腹便便的老年㹴犬走进你的诊室，身体两侧对称性脱毛，还有脂溢性皮炎、色素过度沉积和粉刺，它的主人报告说："它在家大量饮水，总是一副饿极了的样子，还拼命喘气"那么肾上腺皮质功能亢进是显而易见的诊断，这时候要是还挨个儿分析每一个异常背后的原因就有点荒唐了（但如果你本人之前从来没有见过确诊为肾上腺皮质功能亢进的犬，那你还是应该按部就班地进行检查！）。

然而，一定要记得，病征识别只是在识别那些典型而独特的示病症状，或者你已经对各种因素进行了全面考虑，又或者只有有限几种诊断可能的时候才万无一失。这种方式的价值依赖于兽医的经验、知识深度和高效整合判读数据的能力。

当然，考虑完毕每一个异常表现之后，你确实得综合所有临床症状以观察他们的整体特征。但这里的关键是首先确保考虑到每个具体的异常，然后再把它们联系起来，以确保你没有忽略任何一个不起眼的诊断可能。

另外，建立基于异常表现的有效思维方法的这个过程同样有助于增强你识别病征的能力，因为你通过这个过程已经更深刻地理解了为何某个特定症状组合更倾向于提示特定的疾患。

成套出现的临床症状组合

有些临床症状组合 / 病征只有有限的几个诊断可能，这时候完全可以将它们作为整体加以考量；例如多饮多尿又多食的病患，如果多饮多尿和多食总是同时出现，那它们极可能缘于同一种疾患，当然也就应该放在一起进行评估。只有有限的几种疾病会导致上述组合（如糖尿病、甲状腺功能亢进、肾上腺皮质功能亢进），那么也就应该优先对这几种疾病加以考量。

有时候可能感觉很枯燥！

有时候你可能觉得自己识别出了特定的病征，诊断已经显而易见，这时候还要耐着性子评估每只动物的每个具体异常表现实在是又枯燥又累人。对有些病例来说你的感觉无可厚非，然而别忘了在另外一些情况下，你有可能会误入歧途。我们想在这里强调的最重要的一点是：如果你不利用比较简单的病例练习上述针对异常表现的思维方法，当你需要面对复杂病例（估计目前让你和大多数人最受打击的就是这种）的时候，你就更没办法针对各个异常表现理清要点，因为你会习惯性地在病征识别中挣扎并/或作茧自缚。需要认识到，病征识别是一种不需要额外传授的思考过程——它是一种本能，而建立一种可靠而结构清晰的归纳式思维方法则要求清晰明确的讲解和踏实的练习。

找到平衡

请记住，医学诊断通常依靠的是“权衡可能性”，而不是要证明某个诊断“无可质疑”。在各种诊断可能中掂量权衡，判断哪个更加重要或更可能发生，而哪个相对不重要或发生的可能性较低，这是个充满挑战的过程，同样也会很容易受到临床经验，对疾病的理解以及知识储备的影响。

额外的好处

使用全面清晰的思路进行诊断的最终目的，是快速得到诊断结论并把你手头可支配的“诊断经费/病理资金/机动金库”用在刀刃上——即绝不用毫无必要的检查项目浪费动物主人的金钱。采用这种思维方式的另一个好处是你会非常清楚自己为何要验血、做X光检查或开出特定处方，而正因如此，你可以清晰地向动物主人解释每一步骤的必要性，于是他们也就更可能同意你的诊疗建议，因为动物主人的合作态度很大程度上取决于他们多大程度上理解了做某项检查或者执行某个治疗方案的理由。

除此之外，你也能更好地理解一些“正常结果”的含义，而不会因为没看到预料之中的异常检查结果而惊慌失措。（“那条狗看起来病得不轻，它的血常规检查肯定不正常！——但是检查结果居然全是正常的！——救命啊！现在我该怎么办啊？”）

本章总结

以异常表现为导向的归纳式临床推理法：

- 绝不只是列出异常表现，再针对每个异常列出所有鉴别诊断（这是对以异常表现为导向的医学理论的一种常见误解）
- 规则易于记忆，并且可以用于解决患病动物所呈现的绝大多数临床异常
- 结构清晰的思路，四个主要步骤：
    - 界定异常并完善
    - 判定所涉及机体系统并完善
    - 确定病灶位置（如有必要）
    - 判断病灶性质
- 提供了可以用来与你的知识储备相结合的思维框架，以便你按照需要调取和回溯信息。
- 降低记忆大量鉴别诊断的必要性（参见第一点）
- 避免被看似明确的诊断困住——有助于避免确认偏差
- 唤醒记忆以确保取得全面的病史并施行彻底的体格检查
- 为选择恰当的诊断检查及治疗手段提供了可以与动物主人沟通的理论基础
- 让令人望而生畏的复杂病例变得可以驾驭！

费时间还是省时间？

当人们第一次接触到以异常表现为导向的归纳式临床推理法时，他们常感觉这是一个耗时费力的学术训练，无法用于快节奏的临床诊疗、时间宝贵的接诊和各种各样相互冲突的日常任务中。不过，如果你在一开始时足够努力并且始终约束自己以这种方式思考，它最终会变成近乎本能的、下意识（无意识胜任）的状态，并绝不再像一开始看上去的那样艰难。实际上，掌握这些解决问题的技能最终将节省你的时间，因为它会帮助你迅速过滤掉不相干的干扰并专注于对患病动物及其主人重要的方面。这就好比学习一门新的语言。为了掌握这门语言，一开始的时候你需要学习词汇和语法（即语言的框架），但是一旦你掌握了一些基本的内容并且坚持日复一日地运用这门语言，流利运用不过是水到渠成。但如果没有最基础的框架和坚持不懈的练习，流利运用也就成了无法实现的奢望。

学习过本思维方法相关课程的学员们曾在感想中提到，他们得以使用“更加系统性的方式去理解和运用医学，在繁忙的临床工作中节省了大量时间”；“这种方法使我在繁忙的临床工作中可以高效地思考”。但愿你在学习之后也能有类似的感受。就像其他一切技能，理论基础的建立需要时间，这种临床推理思维方法更需要自我约束，但一旦成功习得，它将为未来打下坚实基础，更重要的是：不管以后还会出现多少新的疾病，这种方法永不过时。

第二章 呕吐与返流

Jill E. Maddison
皇家兽医学院，临床科学与服务系，伦敦，英国

呕吐是犬猫临床上常见的症状。呕吐的主要功能是防止动物摄入有毒物质。尤其是犬类有采食污物的癖好，于是发展出了非常完善的呕吐反射。呕吐可以由多种原因导致，而后果则从无临床影响到危及生命不一而足。相反，返流则是一种临床上并不常见的症状，而且一旦出现往往意味着动物患有严重的疾病。因此，作为兽医你有必要采取迅速、可靠的手段在接诊伊始便对病患做出判断，以便后续做出合理而恰当的诊断和治疗决策。

呕吐生理

为了更准确地做出判断，我们需要了解呕吐和返流的病理生理学原理。

呕吐，是胃内容物通过食道、口腔（有时候是鼻腔）强力排出的现象，是借由腹腔胸腔及咽部多种器官协同动作而实现的复杂神经学过程。另外，呕吐动作的进行还必须由一个功能正常的延髓呕吐中枢来进行协调。相反，返流则是食物和液体经食道、咽部和口腔反向移动的被动过程，唯一涉及的神经反射是咽反射。

实现呕吐反射所必需的神经结构如下：

- 内脏受体
- 迷走及交感传入神经
- 化学感受器触发区（CRTZ）

- 位于延髓网状结构的呕吐中枢

呕吐过程的各个阶段临床表现不同，了解这些表现同样有助于我们区分呕吐和返流。

第一阶段是恶心。在这个阶段，胃张力减弱的同时十二指肠和空肠前段张力增强，使得十二指肠内容物反向流入胃内。患病动物此时通常无精打采，流涎，并表现出反复吞咽及舔舐口鼻的行为。

恶心之后，动物会干呕，进而呕吐。动物试图呕吐时，其会厌关闭，软腭上抬紧贴鼻咽部，腹部肌肉及膈肌收缩（细心的主人通常可以观察到腹肌收缩用力的动作）。接着，贲门开放，胃幽门部收缩，呕吐便发生了。与此同时还会发生肠道逆向蠕动，心跳节律扰乱及大肠蠕动增强。

呕吐时关闭的会厌和上抬的软腭可避免动物意外吸入呕出的胃内容物，而返流过程中没有神经系统的协调，上述保护机制便不会启动。这便是为何导致返流的疾病常常继发吸入性肺炎，而在呕吐病患中这种可能要小得多，除非动物在呕吐时处于意识模糊的状态。

呕吐的启动和过程

呕吐的启动需经由体液或神经途径进行。在体液途径中，血液循环中的物质激活延髓内的化学感受器触发区（CRTZ），而神经途径则通过激活呕吐中枢启动呕吐过程。

呕吐中枢

所有具备呕吐反射的动物脑干中都有一个呕吐中枢——一组共同协调内脏动作以排出胃内容物的神经核。不能呕吐的动物，例如马、啮齿类动物和兔子的脑干中同样有呕吐所需的神经核和运动神经，但是神经核和脏器之间缺乏复杂的突触间相互作用，因而无法实现这种高度协调的反射过程。

延髓网状结构中并不存在一个独立的呕吐中枢，所谓的“呕吐复合体”其实是一组松散排布在延髓各处，在呕吐反射中按顺序激活并发挥各自作用的神经元。为方便讲解相关生理及病生理原理，本章中将使用呕吐中枢一词指代这个复合体。

呕吐中枢接收来自迷走神经元、交感神经元、CRTZ、前庭器及大脑皮层的信号输入。另外，血液中一些能够通过血脑屏障（BBB）的毒素也可直接激活呕吐中枢。

中枢性刺激

呕吐中枢的中枢性刺激来自中枢神经系统内的众多高级中枢。刺激物可以是紧张、异味、疼痛等。研究认为阿片和苯二氮受体与中枢介导的呕吐密切相关，但其具体药理作用模式尚不明确。另外，脑脊液压力升高，脑炎及中枢神经系统肿瘤同样可以直接刺激呕吐中枢，发生中枢介导的呕吐反射。

前庭器

与晕动病及中/内耳感染相关的迷路功能障碍也可以通过前庭系统的神经通路刺激呕吐中枢。犬的这一通路涉及CRTZ，猫则不然。

化学感受器触发区（CRTZ）

CRTZ位于第四脑室底的最后区。此处没有血脑屏障，于是在中枢神经系统其他部位遭阻隔的毒素和其他化学物质得以从这里进入脑部。除了外源性的毒物和药物，CRTZ也可被急性炎症和代谢病（如尿毒症或糖尿病酮症酸中毒）产生的内源性有毒物质激活。

外周感受器

外周感受器主要分布在胃肠道内，十二指肠最多，另外在胆道、腹膜及泌尿系统器官中也有分布。扩张、刺激、炎症及渗透压变化均可激活这些感受器。在大肠中也分布有一些外周感受器，这便是为什么大肠炎症的患病动物有时也会发生呕吐。

检查主诉为呕吐的动物

1 界定异常表现

评估主诉为呕吐的病患，首要的便是对呕吐与返流、呕吐与咳嗽/呃逆进行鉴别。动物主人常常混淆呕吐与返流、咳嗽及呃逆，因此要想获得有价值的信息，在接诊时进行详细具体的询问非常关键，例如仔细询问动物呕吐时是否用力，呕吐物是什么样的（必要时甚至可以向动物主人讲解一下干呕、腹部用力等关键区别，以便他们进行准确的描述）。如果还是不能确定，兽医本人可能需要亲自观察动物的表现，或者进行呕吐和返流均适用的诊断手段以进行区分。

为何鉴别呕吐和返流很重要？

呕吐的鉴别诊断、诊断手段以及治疗策略与返流、呃逆或咳嗽（常由呼吸系统或心血管系统疾病所致）完全不同。

对呕吐病患（通常由原发或继发胃肠道疾病所致），兽医可以根据具体情况选择对症治疗，或者进一步采取临床病理[①]、影像、内镜、开腹探查等多种诊断手段。而返流则主要由食道疾病（极少数情况下由咽部疾病）造成，并且鉴于病灶的特点（异物、狭窄或巨食道症），以返流为主要临床表现的病患常常预后不良。因此，在尽可能查明病因病灶之前，这些患病动物不能仅仅用对症治疗进行处理。另外有所区别的是，使用内镜及影像诊断等方式对食道进行观察是诊断返流的必需步骤——常规临床病理学检查可以用于寻找并评估导致病灶的致病原因，但在判断病灶性质（如巨食道症、异物等）上，这些检查的诊断意义非常有限。

与返流相似，表现呃逆的动物其病灶往往在咽部或食管前部，因而最佳诊断方式是观察病灶表现。至于咳嗽病患，它们显然更可能患

① 译注：即血常规、生化、血气和尿常规等常规实验室检查项目。

有呼吸或心血管疾病，需要采用截然不同的诊断方法。

因此，对上述异常表现判断错误往往意味着给患病动物带来风险，浪费大量时间和金钱，并损害兽医与主人间的互信和合作关系。

呕吐、返流、咳嗽和呃逆的鉴别要点

呕吐病患在行为表现上与返流病患完全不同。正如前文所述，呕吐是经神经系统协调的过程，有清晰的阶段划分和相应的身体表现。患病动物在呕出胃内容物之前会做出腹部用力的动作，并大量分泌唾液——表现为舔舐嘴唇以及不断吞咽（恶心的症状）。另外，动物还可能喷射式地呕出胃内容物。

相反，返流则是被动发生的过程——脏器组织的动作未经协调。食物黏稠、饭后运动及低头或伸颈时的重力作用均可能引发或加剧返流。另外，当返流物积聚在咽喉部的时候，动物常常做出呃逆动作。

呕出物的性质也可作为鉴别诊断的线索。虽然动物呕吐和返流时都可能吐出未消化的食物，但如果呕出物呈已消化或半消化状，或是带有胆汁，则可以判定动物发生了呕吐而非返流。呕出物的 pH 有时也（但并不总是）有一定的诊断意义。酸性呕出物显然说明动物发生了呕吐，中性呕出物则既可以来自呕吐，也可以来自返流。

前文提到过，返流时会厌并不关闭，于是病患吸入返出的胃内容物的风险极大。因此，如果听到动物主人描述动物在“吐”的同时还咳嗽，你需要警惕动物是否吸入了呕出物，并进而想到这种情况更常见于返流而非呕吐病患。

不过有一点需要牢记：严重呕吐的动物可能因多次呕出酸性胃内容物而患上继发性食道炎，并表现出同时具有呕吐和返流特征的症状，但具体而言呕吐表现应最先发生。另外，摄入腐蚀性或刺激性物质的动物也可因食道炎和胃炎而表现出既像呕吐，又像返流的症状。

2 判断系统并完善判断

原发性与继发性胃肠道疾病

如前文及图 2.1 所示，原发性、继发性胃肠道疾病或非胃肠道疾病均可能导致呕吐，而返流的病因则通常是原发性食道疾病（表 2.1）。

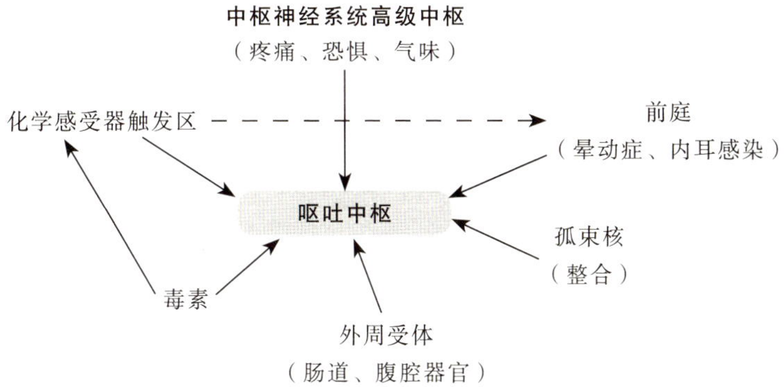

图 2.1 呕吐反射基本要素之间的关系

表 2.1 导致返流的食道疾病

巨食道症	先天性巨食道症	
	获得性——原发疾病	特发性巨食道症
	获得性——继发疾病	多发性肌炎
		重症肌无力
		多发性神经炎
		甲状腺功能减退
		肾上腺皮质功能减退
		癌性神经肌病
		铅中毒
		蜱瘫痪（全环硬蜱 *Ixodes holocyclus*）

续表 2.1

外部挤压	遗存右主动脉弓[①]
	纵膈淋巴瘤
	甲状腺肿瘤
内部阻塞（物理性 / 功能性）	异物
	食道炎
	狭窄
食道壁内病灶	肿瘤
	脓肿
	肉芽肿

原发性胃肠道疾病是有特定胃肠道病变的疾病，如饮食失调导致的肠道紊乱、炎症、感染、寄生虫、梗阻或肿瘤。这些疾病可能会对机体代谢产生影响，但其病变始自胃肠道。

继发性胃肠道疾病是因身体其他部位病变而导致呕吐或返流的疾病——消化道只是疾病表现的媒介之一。位于其他系统的病变可以通过毒素激活 CRTZ、呕吐中枢和前庭系统，或者激活外周与消化道无关的呕吐感受器，进而间接导致呕吐。此类疾病包括肾功能不全，肝脏疾病，酮症酸中毒，胰腺炎，高钙血症，肾上腺皮质功能减退，及其他多种代谢疾病。大多数情况下这些疾病不会在胃肠道表现出病理变化，或者虽然有病变（例如肝肾疾病或肾上腺皮质功能减退导致的胃肠溃疡）但其根本病因仍来自相关代谢疾病。这时候虽可像治疗原发性疾病那样，针对胃肠病变施治以缓解症状（例如使用抗溃疡药），但原发性胃肠道疾病常用的内镜等影像检查方法就没有什么诊断价值了。

① 译注：即 Persistent right aortic arch（PRAA），业内有文章翻译为持久性右主动脉弓，这里为方便理解，根据此病特点翻译为遗存右主动脉弓。

为什么鉴别原发与继发胃肠道疾病很重要?

为了避免因检查了错误的系统而浪费大量时间金钱，必须清楚区分导致呕吐或返流的是原发还是继发性胃肠系统疾病。正如我们在第一章讨论过的，某一系统（如胃肠道）的原发性/结构性疾病所需要考虑的备选鉴别诊断，使用的诊断手段及后续的治疗管理方式均与同一系统的继发性/功能性疾病大不相同。对胃肠道原发疾病的检查往往涉及某种形式的视觉观察（放射、超声、内镜和手术探查）以及/或者活组织检查。常规血液及生化检查虽可显示动物机体的临床状态，但对此类胃肠道疾病而言诊断价值有限。相反，对继发性疾病、常规血液生化及其他检查却通常是得出诊断结论的关键。

另外需要明确的是：有些导致呕吐的原发性胃肠道疾病如胃肠炎，可能只是摄入腐坏或者刺激性的食物所致。这种情况下致病因素是一过性的，病灶也会在数天之内自行复原，因而只缓解症状即可，不需要做特别针对性的治疗，可以采用停食、止吐及调整日粮等对症方法处理。然而继发性（如肝肾疾病、肾上腺皮质功能减退和高钙血症所致）胃肠道疾病中只有极少数来自一过性的病因，对症治疗可以缓解，或者不需针对性的检查治疗便可以自行恢复。

表现返流的几种比较少见的继发性胃肠道疾病都会导致巨食道症（表 2.1）。因此使用内镜或影像学方法诊断出巨食道症，进而寻找其背后的代谢病因，是诊断出这些疾病的必经之路。如前所述，为谨慎起见，在查明病因之前，不应使用对症手段对返流进行治疗。

综上所述，为了合理处置主诉呕吐或返流的病患，并与动物主人进行清晰、明确的沟通，兽医非常有必要在接诊过程中便就病状是否涉及原发或继发胃肠道疾病进行临床推理。

原发与继发胃肠道疾病的鉴别要点

如果发现如下情况，你首先应考虑原发胃肠道疾病：

- 触诊肠道发现异常，如肠套叠和异物等

- 呕吐并伴有明显的腹泻
- 除了呕吐，动物的病史及临床查体均未发现其他方面的异常
- 呕吐明显发生于其他不适表现（精神沉郁或厌食）之前
- 呕吐的发生在时间上始终与进食相关（注意胰腺炎病患也可能有这样的表现）

然而需要注意的是，不能因为没发现有上面这些特征，就彻底排除原发胃肠道疾病。比如，患有非炎性胃病的动物可能在进食后延迟好几个小时才发生呕吐（最多可延迟 24 小时）。有异物或肠道分泌障碍的动物不进食也可能发生呕吐。患有大肠疾病的动物其进食后发生呕吐的时间不定。

原发性胃肠道疾病的病患也可能因为病灶刺激（肠道中有传入神经与下丘脑的饱食中枢相连），或长期呕吐导致的继发问题（如脱水和电解质紊乱）而表现出精神沉郁、食欲下降的症状。在这种情况下，不适表现会与呕吐同时或晚于呕吐发生。

因此，上文所列要点确实是一些提示原发性胃肠道疾病的关键线索，但找不到这些线索并不等于排除了此类疾病。

患有继发性胃肠道疾病的动物，可因毒素作用于呕吐中枢或 CRTZ，或者因疾病激活了非胃肠道相关外周感受器而发生呕吐，因此其呕吐的发生通常与进食无关——犬胰腺炎除外。

继发性胃肠道疾病的表现有：

- 通常病史或查体会提示其他身体系统障碍的异常表现，如黄疸、多饮多尿等
- 呕吐通常间歇性发生，与进食无关且常常发生在其他不适反应之后
- 总的来说，因非胃肠道疾病发生呕吐的动物通常表现出代谢性的病状，通常不会表现得活泼机警。
- 如果动物在发生呕吐之前一段时间就已经表现出代谢性的不适（精神沉郁和厌食），继发性胃肠道疾病更有可能是原因。

另外，返流的继发性胃肠道病因有时也会导致其他全身性的症

状，如乏力和代谢性的不适。通常，只有局灶性重症肌无力所致巨食道症的病患才表现出返流这一项异常。

有规律就有例外

上述对继发胃肠道疾病特点的总结中提到一个特例，即犬的胰腺炎。犬胰腺炎的发病表现与原发性胃肠道疾病相似——各方面都表现正常的犬突然发生急性呕吐；呕吐通常紧随进食发生；动物在呕吐发生之前通常不会表现食欲下降和精神沉郁。相反猫胰腺炎的表现通常与其他继发性胃肠道疾病一致。甲状腺功能亢进的病猫有时也可能看上去总体正常，只表现长期间歇性的呕吐（当然它们也可能会表现甲状腺功能亢进的其他临床症状）。

3 判断病灶位置

一旦确定了原发胃肠道疾病，下一步便是依据呕吐与进食的时间关系以及呕吐物的特征来评估病灶的可能位置——上消化道或下消化道。另外，使用放射造影等诊断手段也不失为定位病灶的好方法。

判断可能的病灶位置是确定接下来采取何种诊断途径的重要一步。例如，胃镜虽可用来检查胃部及十二指肠的病变，但在下消化道疾病的诊断上便没有什么用武之地了。

至于继发性胃肠道疾病，使用常规临床病理学检查，实时或功能性检查以及根据需要选用影像检查可以有助于确定病变器官，如肝脏、肾脏、胰腺和肾上腺。

不论原发性还是继发性胃肠道疾病，返流病患的病灶位置通常在食道。因此对于返流这种异常表现，通常需要先定位病灶，再就所涉系统发问——来自原发性还是继发性胃肠道系统疾病？

4 确定病灶性质

导致呕吐的原发性胃肠道疾病

将病灶定位在胃肠道中之后，便是判断其性质的时候了。活组织检查在这个情况下很有助益，或者也可以通过内镜观察判断病灶类别（如异物）。

与身体其他部位一样，胃肠道的肿瘤从外观上通常与炎症病灶难以区分，这时必须依靠活组织采样进行鉴别。即使胃肠道在内镜检查中看上去大体正常，也仍旧应该采取活组织样品备检。

胃部疾病

- 胃炎
  - 饮食失调
  - 药物诱发
  - 免疫介导
  - 嗜酸性粒细胞性
  - 感染，如幽门螺杆菌（*Helicobacter pylori*）
- 胃部异物
- 胃溃疡
  - 注意：原发性胃肠道疾病如异物、炎症或肿瘤；继发性胃肠疾病如肥大细胞瘤、肝脏疾病、尿毒症及胰腺肿瘤（胃泌素瘤）以及非甾体消炎药等均可导致胃溃疡。
- 幽门障碍
  - 幽门痉挛
  - 幽门梗阻
  - 先天性幽门狭窄
  - 慢性增生性胃病
- 胃部蠕动异常

肠道疾病

以呕吐为主要临床症状的肠道疾病包括以下几种：

- 肠炎，如细小病毒、冠状病毒或饮食失调所致
- 肠梗阻——异物或肠套叠所致（梗阻位置越接近幽门，呕吐发生的频率越高，程度越剧烈）

导致呕吐的继发性胃肠道疾病

很多继发性胃肠道疾病都会导致呕吐，但它们中的大多数都可以通过有限的几种检查进行排除——至少在犬是如此。相较而言，猫的疾病则会比较棘手，尤其是胰腺及肝脏病变的诊断。表 2.2 列出了最重要的几种继发性胃肠道疾病，以及相应可用于诊断的临床病理检查项目。

表 2.2 犬猫继发性消化道病因所致呕吐的诊断

疾病	实用临床病理
胰腺炎	胰脏脂肪酶免疫活性反应（PLI）、淀粉酶（不适于猫）、脂肪酶（不适于猫）、白细胞总数（WBC）、ALP
肝脏疾病	ALT、ALP、GGT、胆汁酸、胆红素
肾脏疾病	尿素、肌酐、磷酸盐、尿比重
肾上腺皮质功能减退	钠离子、钾离子、尿素、皮质醇
糖尿病酮症酸中毒	血糖、尿糖、酮体
感染引起的毒血症	白细胞总数
高血钙症	血清钙（总数和离子化数量）
低血钾症 / 高血钾症	血清钾
中枢神经系统疾病	脑脊液分析方法（条件允许）
猫恶丝虫病	心丝虫抗原检测（常为阴性）、嗜酸性粒细胞计数
铅中毒	血铅和 / 或尿氨基左旋糖酸
甲状腺功能亢进（猫）	T4（非严重间歇性呕吐）

有关导致呕吐及返流的各原发性与继发性胃肠疾病的详细信息，请参考其他课本或专业著作。

“呕吐”病例的诊断方法

详细分析病史及体格检查所获取的信息是进行诊断必不可少的关键步骤。凭借这些信息我们可以确定患病动物所表现的是否呕吐或返流，并且有可能对所涉原发或继发胃肠道疾病进行大致判断。你可能无法每一次都仅凭病史和体格检查信息便判定动物所患的更可能是原发性还是继发性的胃肠道疾病，但你有必要思考下述问题——患病动物究竟在呕吐还是发生了返流？以及动物究竟患有原发性还是继发性的胃肠道疾病，又或者现在下结论还为时尚早？这些问题会辅助你、引导你把握采集病史时的提问方向，确定体格检查时关注的方面，以找到可以解答它们的线索。

有些呕吐病例比较简单，很容易便可以确定它们所患的是原发性的胃肠疾病（比如某条活泼伶俐，除了一连好几天每一次都在进食半小时后发生呕吐之外，完全没有其他全身症状的犬），或者很显然患有继发性的胃肠疾病（比如那只断断续续呕吐了 1 周，同时已经食欲不振了 4 周，还伴有多饮症状的猫）。但更常见的情况是你无法仅凭病史及体格检查就下结论，这时你的诊断过程便需要从回答“哪个系统，怎么发生的”这样的问题开始。你不是每次都能回答这些问题，但更重要的是你思考它们的过程。

依据从病史及体格检查获取的信息，接下来便可借助恰当的诊断手段（如生化、血常规及尿常规）对可能的继发性胃肠疾病进行检查。不是每只动物都必须做过这些检查项目才能得到诊断，但你仍需判断原发性与继发性疾病的可能性，因为你得以此为依据来决定是否进行对症治疗。

如前所述，对症治疗（绝大多数情况下不需也不应包含抗生素）可以有效地缓解由最常见的原发胃肠道病因（如饮食失调性胃炎）导致的呕吐，但对于大多数继发性胃肠道疾病，对症治疗的效果并不理想。我们需要获得更详细的信息才能确定这些疾病的治疗管理方案及预后。

什么时候该进行临床病理检查？

总的来说，我们主要用临床病理项目来更深入地检查导致呕吐的继发性胃肠道疾病。而对于原发性胃肠道疾病，临床病理则主要用来掌握呕吐对整个机体系统的影响，而不是寻找病因。

即便在高度怀疑原发性胃肠道疾病的情况下，进行恰当的检查以掌握动物的脱水状况及电解质 / 酸碱平衡状况也是非常有必要的，因为长期和剧烈的呕吐可能导致生化紊乱，如酸中毒或碱中毒、肾前性氮质血症、低钾血症、低钠血症及低钙血症。不过这里需要注意的是：对原发性胃肠道疾病，可视化的手段如常规 / 造影放射检查或内镜检查更具诊断价值。而超声检查和开腹探查则对原发及继发性胃肠道疾病的诊断均有帮助。

当你无法借助病史和体格检查判断涉及的胃肠疾病是原发还是继发时，最为经济高效、创伤性也最低的方式是优先采取恰当的检查措施排除继发疾病，然后，如果临床病理检查正常，再根据需要针对原发疾病进行鉴别。但是对于有发生肠梗阻风险的动物，首要的措施应当是尽快拍摄腹部 X- 光平片进行排除。同样，如果发现动物呕吐的同时发生咳嗽，它很可能患有导致返流的严重疾病，你需要马上进行紧急处置。

什么时候应该进行更加详尽的检查而不是仅仅对症治疗？

在初诊诊所里，我们显然没法详尽检查每一个呕吐病患。如果你可以确定动物确实是在呕吐而不是返流，并且很可能是由一过性的原发性胃肠疾病所致（如饮食失调或食物不耐受），那么仅采取缓解症状的治疗措施便已经足够。如果发现有下列情形，则说明有必要进行更加详尽的，包括临床病理（旨在获得诊断信息，或者了解呕吐对机体系统的影响）在内的检查，并视情况考虑是否添加影像学检查。

- 返流病患
- 对症治疗无效
- 持续剧烈呕吐
- 伴发其他全身性症状（如多饮、多尿及黄疸）
- 在呕吐发生之前就已经出现厌食及精神沉郁
- 严重的精神沉郁
- 肠道触诊异常

本章总结

初诊诊所的兽医经常会遇到主诉为呕吐的动物。遵循由判断异常、系统、位置、病灶性质的一系列关键问题构成的条理清晰可靠的思路，确保所有线索都得到重视和考虑，将有助于兽医构建诊断推理的框架，使思考和解答上述关键问题成为引导诊断及治疗决策的动力。这种思维技巧，一经掌握，就可以让你在接诊时便迅速对动物做出评估，为临床决策打下坚实基础，并在你与动物主人的沟通过程中发挥不可估量的巨大作用。

第三章 腹泻

Jill E. Maddison
皇家兽医学院，临床科学与服务系，伦敦，英国

腹泻是小动物兽医经常需要面对的异常表现之一。与呕吐类似，腹泻的临床后果可能非常轻微，也可能严重到危及生命，虽然后一种情况非常少见。许多急性腹泻病例并不需要复杂的诊断，并且仅需对症治疗，甚至不需对症治疗便可痊愈。然而慢性腹泻则可能难以确诊，并成年累月地困扰动物，让主人和兽医都头痛不已。虽然动物通常并不会表现得特别不舒服，但慢性腹泻症状可能断断续续，绵延不止，不同疗法效果各异，但都无法根治。

许多手段和方法都可以用于慢性腹泻的诊断：非常经济的，极其昂贵的，非创伤性的，创伤性的——唯独没有中间选项。而且与其他临床异常不同，试验性的治疗常常成为兽医对腹泻病因进行确诊的重要方式。不过这些治疗试验需要合理地实施，并且审慎地评估其结果，才真正能够在诊断上有所助益。有人可能会尝试同时使用好几种疗法对应几种可能的病因，期望其中至少有一种可以解决问题。这种想法很可以理解，但问题是，就算这种综合疗法确实收获了一定的效果，万一治疗刚结束腹泻便复发（这在腹泻治疗中非常常见），我们仍旧对潜在的病因一无所知，更不要说确定动物的长期治疗方案了。

在应对腹泻的过程中，各方都需要保持耐心，动物主人和兽医之间的有效沟通更是必不可少。因此，兽医一方尤其需要理解腹泻及其病因的病生理原理，并有一个清晰的诊断思路，而对肠道功能和腹泻类别的充分了解则是合理诊断和治疗犬猫慢性腹泻的关键。

腹泻分类

对症施治足够应对大部分急性腹泻病例，但这种没有针对性的疗法对慢性腹泻却几乎没有效果。常规的实验室检查手段对慢性腹泻的作用也很有限，使得其诊断难度直线上升。

虽然可能来自相似的病因，小肠和大肠腹泻的诊断手段，鉴别诊断选择和后续治疗均有所不同。因此在摆开阵势实施创伤性的诊断手段或大范围强化治疗之前，重中之重是评估病患并对腹泻的以下特征进行辨析：

- 急性或慢性
- 病势相对和缓或严重到已经继发出现全身症状
- 源自小肠或大肠，或两者兼有
- 原发或继发胃肠道疾病

只有从动物主人处获知有关腹泻特征的足够信息，并判断腹泻的类别是小肠、大肠或两者兼有的混合型，才能避免误入歧途，将动物主人的金钱花在错误的检查上，结果让各方都会大失所望。

1 界定异常表现

腹泻是一种因排便模式发生改变而使排便频率增加、粪便稀软、含水量增加并失去应有形状的现象。在判定腹泻之前有必要了解该动物通常的排便模式，因为排便频率和粪便性质的个体差异较大。

有时候，在主人眼里动物的腹泻表现可能没那么明显。不过他们偶尔也会误以为肛门或阴道分泌物是腹泻，或者把地板上的呕吐物当成排泄物。甚至有时候便秘动物排出的少量液体状排泄物也被主人当作是腹泻，反过来大肠疾病病患表现出的排便困难或排便次数增加却被误认作便秘。因此兽医需要对此类现象有所认识，并记得在问诊过程中首先着手判定动物的异常表现究竟是不是腹泻。

3 判断病灶位置

我们在第一章详细讨论过的针对异常表现的推理体系同样可以用来分析腹泻病例，但各步骤的顺序与其他异常有所不同。我们首先对病灶进行定位，这样会有助于接下来对系统的判断。

全面的病史是判断小肠型或大肠型腹泻必不可少的一环。兽医应仔细询问动物主人动物粪便的性质，以便获取有关黏度、颜色、含血或黏液，以及排便频率的信息。兽医还应评估其他相关异常，如明显消瘦、厌食或呕吐等。小肠及大肠型腹泻的特点参见表 3.1。

表 3.1 小肠型腹泻与大肠型腹泻的特点

	小肠型腹泻	大肠型腹泻
质地、便量、特征	粪便体积和/或含水量增加。腹泻可能表现为暴发性，通常不会表现明显的里急后重	少量多次排出粪便，多表现里急后重，尤其是结肠后段与直肠疾病病例
是否有血	血液通常呈已消化状（黑粪症）或急性腹泻时的红棕色外观	血液通常为未消化鲜血（血便）
粪便外观	如含有大量未消化脂肪，或为乳糖不耐导致的腹泻，则粪便可呈灰色。胆盐吸收不畅导致的黄绿色便亦较为常见。	粪便表面可见黏液（结肠后段或直肠病灶），黏液也可遍布整个粪便内外（结肠前段病灶）
体重下降	慢性小肠腹泻常伴随体重减轻（非必然）	通常不伴随体重减轻
呕吐	可能伴随呕吐（非必然）。与进食的关系取决于病灶位置	可能发生呕吐，但不常见；与进食无关
肠鸣音与胀气	常伴随气体产生，因为碳水化合物吸收不良，结肠菌群发酵碳水化合物，产生二氧化碳和硫化氢	
食欲	食欲变化因潜在病因的不同而不同	通常不影响食欲

续表 3.1

	小肠型腹泻	大肠型腹泻
水平衡	严重腹泻动物可能发生脱水。排水样便的动物饮水可能增多	大肠腹泻本身通常不会影响水平衡
体格检查	体格检查可能显示肠管内气体积聚或肠壁增厚，但参考意义不大。黏液或鲜血等大肠症状和黑粪症等易被动物主人忽视，应先进行直肠检查加以排除	体格检查参考意义不大，但是非常有必要进行直肠检查，以判断有无狭窄、肿块或黏膜增厚

相较于小肠型腹泻，大肠型腹泻的特点更少，更具体，主人也更容易留意并提及粪便上沾染的鲜血、黏液，或少量多次的排便模式。如果没有发现上述任何一种特点，那么动物所患应是小肠型腹泻。但要注意有些腹泻可能表现出小肠型和大肠型腹泻兼有的特征，这种情况可能来自原发性小肠腹泻导致大肠受累，或者弥散性的肠道病灶导致大小肠均受累。

2 判断所涉及的系统

原发性的小肠 / 大肠病变或继发于其他系统疾病的胃肠道病变（如肝脏疾病，胰腺外分泌功能不全，胰腺炎，甲状腺功能亢进或肾上腺皮质功能减退）均可导致腹泻。大肠型腹泻绝大多数情况下源自原发性胃肠道疾病，小肠腹泻则既可能由原发性疾病所致，也可能来自继发性胃肠道疾病。严重的全身中毒反应及尿毒症可能导致大肠型腹泻，但相较于动物表现出的其他症状，腹泻症状可算微不足道。因此在为主要异常表现为大肠型腹泻的患病动物确定检查项目时，上述几种疾病并不会作为备选的诊断可能纳入考量。

总的来说，相较于继发性胃肠道疾病，原发性胃肠道疾病导致的腹泻更为常见。即便是患继发性胃肠道疾病的动物，其主诉异常也通常不是腹泻（胰腺外分泌功能不全病患除外）。

4 确定病灶性质

有关急、慢性小肠型及大肠型腹泻的病因，请参见（表 3.2 至表 3.4）。

表 3.2 犬猫急性小肠型腹泻的常见病因

病因	举例	备注
饮食相关	暴食（尤其多见于幼犬） 饮食改变 变质食物 饮食不慎	包括因改变饲粮导致过敏反应或过敏性休克的情况。
寄生虫/原虫性	寄生虫 · 蛔虫最为常见（弓蛔虫、弓首蛔虫属）以及钩虫（钩虫属与弯口属） 原虫 · 贾第鞭毛虫 · 球虫例如等孢囊球虫属（曾称等孢球虫属） · 隐孢子虫属	可选择直接检验新鲜便样中的贾第鞭毛虫滋养体，但无腹泻症状的犬粪中偶尔也会检出贾第鞭毛虫，不能仅凭阳性结果做出诊断。贾第鞭毛虫的直接检验法敏感性不高，因此较常出现假阴性结果，尤其是粪便样本只有一份时，假阴性可能性更高。硫酸锌浮集法敏感性较高，即便样本数低至 3 份仍可保持 95% 的敏感性。阴性结果无法排除贾第鞭毛虫感染，因此不少医生选择直接使用甲硝唑和芬苯达唑治疗，只在给药后依然持续腹泻时，才进行具体检测。ELISA 试验可用于检测粪便中的贾第鞭毛虫抗原。该试验敏感性 90%，优于单独使用硫酸锌浮集法进行检测。
感染性（细菌或病毒）	病毒性肠炎 · 细小病毒 · 冠状病毒 · 犬瘟热病毒 · 其他病毒（如腺病毒、诺如病毒等）	分离培养肠道菌意义不大。正常犬猫粪便中可经常分离出厌氧大肠杆菌，有时还可见沙门氏菌，因此检出上述细菌并不意味着它们导致了腹泻症状。另外，腹泻动物与正常动物的粪便中都会存在空肠弯曲菌属和梭菌属细菌，于是很难依据培养结果获得有效的结论。

续表 3.2

病因	举例	备注
感染性（细菌或病毒）	细菌性肠炎 · 空肠弯曲菌属 · 沙门氏菌属 · 大肠杆菌 · 梭菌属	实际操作中，只在以下情况时需考虑进行粪便微生物培养：急性出血性腹泻，重度腹泻，动物密集环境如犬舍中同时出现多个病例。不过，如果动物主人或动物属于免疫力较低的老幼群体，或动物主人亦出现腹泻，则应该考虑进行粪便微生物培养。总的来说，大多数犬猫腹泻病例都没有必要进行粪便培养；此项几乎没有诊断意义，还会增加检验费用。 产气荚膜梭菌和难辨梭状芽孢杆菌在腹泻犬与正常犬中检出率几乎相同，但是检出此类细菌所产毒素似乎与犬出现腹泻症状有一定关联。不过粪便涂片中检出的梭菌及其孢子常见于多种消化道疾病导致的肠道菌群失衡，故并无诊断意义。
毒素	毒素 · 铅 · 有机磷 · 有毒植物	摄入会导致腹泻（及其他临床症状）的有毒植物包括铃兰、水仙科植物鳞茎、芦荟、文竹、菊花、仙客来等。
不明原因	出血性肠胃炎	出血性肠炎（HGE）综合征会导致急性呕吐与出血性腹泻。典型表现是血液浓度增加（PCV 升高）而血浆蛋白正常或偏低（蛋白质经肠道丢失）。此病常见于小型犬，病因不明——推测可能与过敏症或产气荚膜梭菌毒素有关。
继发性胃肠道疾病	急性胰腺炎，严重系统性疾病	参见前文有关其他伴发临床症状的说明

表 3.3 犬猫慢性小肠型腹泻的常见病因

病因	举例	备注
饮食相关	饮食导致的疾病或食物导致的肠道病变	食物不耐受是针对食物中某一成分（如麸质、防腐剂、骨质以及其他刺激性物质）发生的非免疫性反应。 食物过敏反应 / 过敏症是针对食物中某一成分（如牛肉或奶制品）发生的免疫性反应。因为目前缺乏灵敏或特异的检测手段，食物过敏或食物不耐受的诊断通常需要使用过敏原排除饮食不断进行试错。真正的食物过敏症或许与外周嗜酸性粒细胞增多有关（即外周嗜酸性粒细胞数目正常并不意味着不存在食物过敏症）。不过现有证据均显示：检测血液中的抗食物成分抗体既无特异性，也无临床价值。
寄生虫 / 原虫性	肠道寄生虫（如前所述） 原虫（如前所述）	见表 3.2 注释
感染性（细菌 / 病毒）	空肠弯曲菌 / 沙门氏菌 猫传染性腹膜炎（FIP）	见表 3.2 关于细菌性腹泻的注释
抗生素反应性	自发性抗生素响应性腹泻（ARD） 继发性小肠细菌过度生长	ARD：响应抗生素治疗的小肠腹泻，但是潜在病因不明。 SIBO：继发于胰腺外分泌功能不全，炎性肠道疾病，局部阻塞或肠动力异常等病因的小肠细菌过度生长。
浸润性	炎性肠病（IBD） 弥散性淋巴肉瘤 腺癌 猫肥大细胞瘤	腹泻是犬 IBD 最常见的临床症状，而呕吐则是猫 IBD 更常见的症状。 肠道活检是鉴别诊断浸润性炎性肠病（IBD 或肿瘤）和 / 或蛋白质丢失性肠病的必需手段。在通过其他手段确定病灶位于小肠，并排除寄生虫、细菌性、ARD 和饮食等病因后，可考虑进行肠道活检。

续表 3.3

病因	举例	备注
杂项	淋巴管扩张	淋巴管扩张通常继发于 IBD
	刷状缘酶的生化缺陷	
	选择性维生素 B_{12} 缺乏症	
继发性胃肠道疾病	肠动力异常，例如： · 甲状腺功能亢进 · 铅中毒 · 自主神经系统功能紊乱	
	肾上腺皮质功能减退	
	胰腺外分泌功能不全	
	肝胆疾病	
	严重全身性疾病	

表 3.4　犬猫急性和慢性大肠腹泻的常见病因

寄生虫/原虫性	狐毛尾线虫（犬鞭虫）
	犬钩口线虫（犬钩虫）
	贾第鞭毛虫（更常见于小肠，但是小肠和大肠都可侵染）
	胚胎三毛滴虫（猫）
	内变形虫属原虫
感染性（细菌性/病毒性）	弯曲菌属
	产气荚膜梭菌，难辨梭状芽孢杆菌
	沙门氏菌属
	小肠结肠炎耶尔森菌
	猫传染性腹膜炎
饮食相关	饮食反应性疾病（食物不耐受和食物过敏）
	异物通过
	膳食纤维缺乏

续表 3.3

炎症	炎性肠病 · 淋巴 - 浆细胞性肠炎（结肠炎） · 嗜酸性粒细胞性肠炎（结肠炎） 组织细胞性结肠炎（拳狮犬） 肉芽肿性结肠炎
肿瘤	弥散性或局灶性淋巴肉瘤 腺瘤 / 腺癌 肥大细胞瘤（猫） 平滑肌细胞 / 实质细胞瘤（犬）
应激	应激性结肠炎在住院犬中常见，可表现为梭菌属细菌过度生长
狭窄	疤痕或肿瘤（腺癌）

腹泻病患的诊断思路

小肠型腹泻

急性 vs 慢性

首先应确认的是腹泻表现的持续时长。轻度，非暴发性，且不会危及生命的急性腹泻通常不需要大张旗鼓地进行诊断，而且一般使用非特异性的治疗方法便可缓解。暴发性急性腹泻如病毒性或出血性胃肠炎（HGE）可能同样不需要广泛的诊断检查，但这些病患需要严密的监护和支持治疗，如有可能应收治入院。相反，持续数周乃至数月的慢性腹泻则需要全面细致的检查以利于诊断。

到底什么时候该做进一步的检查？

如果在对症治疗后，动物仍持续腹泻；或如果腹泻呈慢性、重度、伴有严重消瘦和 / 或低蛋白血症，甚至伴有脱水或全身性疾病，则应进行更加细致深入的诊断检查。不过只有少部分的腹泻病例需要进行像慢性病那样细致的检查。当腹泻在数月间间歇但重复发生的时候也应当考虑进一步的检查诊断，除非有已证实的病因（如经常翻垃圾桶）。

初诊诊所中腹泻病例的处置思路可以参考以下实用要点：

1）急性腹泻，如果无其他不适用的情况，可建议停食 24 小时，或少食多餐并饲喂低刺激性的少渣软食（鸡肉、白软干酪、米饭或类似性质的商品粮）。

2）确认是否有定期驱虫，如果没有或者不能确定则使用广谱内驱药进行治疗。首选药物可考虑芬苯达唑（苯硫咪唑），可同时驱除线虫及贾第鞭毛虫。大肠腹泻病患如有可能应使用漂浮虫卵法检查粪便。如检出狐毛尾线虫卵，则需坚持每两个月进行一次驱虫，以根除环境中的虫卵。

3）只要条件允许便应进行粪便涂片以检查贾第鞭毛虫及胚胎三毛滴虫。

4）如停食和 / 或芬苯达唑治疗无效，在进行其他昂贵、创伤性大或耗时的检查之前应考虑试用甲硝唑治疗。

5）到这一步，绝大多数病例应该都已得到控制，然而……

6）排除继发性胃肠道疾病，如甲状腺功能亢进，肝脏疾病以及肾上腺皮质功能减退。

- 即使电解质水平正常，如果动物未表现应激白细胞相，则应在进行创伤性检查（如活检）之前，考虑进行促肾上腺皮质激素（ACTH）刺激试验排除肾上腺皮质功能减退

7）假设你已确认动物所患是原发性胃肠道疾病，如果小肠腹泻在进行上述第 1~4 步之后仍持续超过 1 周左右（具体天数取决于腹泻的严重程度，动物的临床状态及主人的担忧程度），应考虑将其视为抗生素响应性腹泻（ARD）[①]，使用土霉素、泰乐菌素或阿莫西林进行治疗。

---

① 译注：Antibiotic responsive diarrhoea，即使用抗生素治疗有效的腹泻，常由肠道菌群失衡所致，分为特发性和继发性两种。

- 推荐疗程为 4~6 周，临床试验尚未确定最佳药物
- 增加日粮中的膳食纤维含量偶尔对这类病患有效（使用商品化产品或由主人额外加喂未加工的麦麸）
- 益生菌对特发性 ARD 的作用尚不明确，但轶闻报道认为这类疗法并无效果。这或许是因为所用的并非是恰当对症的产品（比如未针对特定的动物种类）

8）如果经过以上各步骤之后动物仍腹泻，可考虑进行粪便培养以排除弯曲杆菌、沙门氏菌及大肠杆菌感染。如有可能还应进行梭菌毒素检查（需注意存在假阳性结果）和 / 或对患病的猫进行三毛滴虫检查（如果是纯种猫、来自多猫家庭或收容机构，此项可尽早进行）。

9）同时，根据腹泻的严重程度及动物主人的因素如经济实力等，可选择进行日粮试验（需使用商品化或自制的，选用有别于此前的新蛋白质来源或水解蛋白的日粮）。在与主人进行相关方案的讨论时，应说明有必要先行排除食物过敏，因为：（a）下一步就轮到活组织检查了；（b）如果活组织检查确诊了炎性肠病（IBD），届时作为治疗的第一步，还会需要进行日粮调整。整个日粮试验的推荐长度是 4~6 周，但如果 2 周后情况仍无改善，预计收获理想效果的可能性将大大地降低。

10）同时，如果主人不同意或无法执行日粮试验，或者如果动物表现大肠腹泻，但粪便不含太多血液——只表现里急后重并排出黏液，可建议主人向日粮中添加膳食纤维（未加工的麦麸或可溶性膳食纤维）。

- 谨慎起见，不应在使用前述低敏日粮的同时额外添加膳食纤维，因为你无法区分疗效来自低敏配方还是膳食纤维，这会显著影响你向动物主人推荐两者中的哪一种作为未来的主要日粮方案（鉴于两者价格相差很大，也会显著影响主人钱包的命运）

11）如果上述各步骤均告无效，或者动物出现低蛋白血症，或者动物的大肠型腹泻表现严重的里急后重且粪便含大量鲜血，或者有任

何证据提示肿瘤，你应该向主人建议进行B超检查（由专家进行）和/或组织活检——如果设备和经验允许，可通过内镜进行，或者可通过开腹探查进行。

进行活组织取样前需要考虑的因素

如果动物除患有慢性小肠型或大肠型腹泻之外均大体正常，且没有提示侵袭性疾病的表现（如严重消瘦，低蛋白血症，肠道触诊异常及超声检查可见的肠道病变），那么在进行以下步骤之前考虑组织活检通常是不明智的：

- 驱虫
- 甲硝唑治疗
- 进行抗生素治疗试验排除抗生素响应性腹泻（ARD）
  - 四环素
  - 泰乐菌素
- 进行正式的日粮试验——低敏日粮试验及膳食纤维试验

为什么？

活检的结论可能是炎性肠病（IBD）。IBD病情复杂，需要免疫抑制治疗，但仅发现胃肠道的炎症反应并不能确诊。抗生素治疗或日粮调整仅对一部分IBD病患有效（它们可能患有微生态失调——肠道菌群比例失调或机体对正常菌群的反应异常），无效的那些病患则可能有遗传性的免疫障碍，它们中的一些或许可以由免疫抑制治疗缓解，但剩下的那一小部分目前没有任何有效的治疗方法。

因此活组织检查应该优先用于回答下列关键问题：

- 动物是否患有需要使用免疫抑制治疗的IBD？
- 动物是否患有肿瘤？
- 动物是否患有原发/继发性淋巴管扩张症？

本章总结

初诊诊所中的兽医经常需要处置腹泻病患。它们中的大多数是一过性的病症，对症治疗即可很好地缓解，但那些慢性腹泻病例则可能使各方都焦头烂额。在这些病患的评估中，使用有条理的思路对腹泻的类型进行区分，并明智地组合一系列诊断检查及治疗试验可大大地提高治疗效果。

第四章　体重下降

Jill E. Maddison

皇家兽医学院，临床科学与服务系，伦敦，英国

体重下降或无法增重是小动物临床常见的异常表现。动物主人可能自行觉察了动物体重的变化，但也可能是接诊的兽医或护士在比较以往的体重记录时才发现异常。体重下降可能提示疾病，但也并不总是与临床相关，例如夏季因运动量增加而发生的中等程度的体重下降。依据伴发的症状，疾病引起的减重可能只是一个会随其他更主要的异常表现得到解释的、非特异性的异常表现，也可能是主导整个临床检查及推理思路的重要诊断线索。

1 界定异常表现

面对体重下降的动物，首要的行动便是确定其日粮的能量摄入和适口性符合动物的实际需求。动物主人，尤其是大型和巨型犬的主人常常无意中低估了自己爱犬的能量需求，特别是对成长期的幼犬或非常活跃的犬。一般活跃度的犬或猫的正常能量需求可用以下公式计算：

[（30× 千克体重）+70]×1.2 （单位：千卡）

成长期的犬、非常活跃的动物、处于妊娠或哺乳期的动物，其实际需要应按上述计算结果的两倍计。可以这样粗略地估计：一杯普通的全价干粮的能量大约为 400 千卡，质量为 400 克；等量湿粮则大约为 360 千卡。只有在确定日粮及能量摄入符合动物所处的生命阶段以及生活方式的情况下，体重下降才可以作为疾病的征象加以考虑。

有时候很难区分体重整体下降，以及严重肌肉萎缩导致的减重和

消瘦。因此，在处理体重下降但食欲良好或增加的病例时，虽然本章稍后所述相关诊断思路均适用，你仍应当考虑到确实有可能会发生肌肉萎缩导致减重的情况，此种情况下异常所涉系统（神经肌肉系统——详见第六章及第七章）及障碍类型（感染、免疫介导等）均与本章接下来讨论的大不相同。

1 完善对异常表现的界定

对体重下降病患进行评估的关键便是从食欲的角度进行思考。发生体重下降的状况可以分为以下两种：

- 食欲下降的病例
- 食欲正常或增加的病例

厌食所致消瘦

吃不下还是不想吃?

当你听到动物主人说动物不吃东西的时候，需要想到的第一个问题便是“这是因为动物吃不下去还是它不想吃？”确定动物没有患有任何导致摄食、咀嚼或吞咽障碍（“吃不下”）的病症是诊断的重要一步。

真正的厌食（“不想吃”）可能伴随许多病症发生。厌食是非常常见的主诉内容，因为动物主人常常最容易注意到宠物吃了多少食物，也最先由此而意识到宠物身上可能出了什么问题。

下丘脑的饱食中枢控制动物的食欲。这个中枢会受到许多直接、间接因素的影响，例如血糖水平、体温、代谢产物、电解质平衡、血钙浓度、来自胃肠道的神经信号、肿瘤释放的物质以及神经行为因素（如应激及恐惧）。尤其在猫更常见的是，丧失嗅觉也可能导致厌食，因而进行诊断检查时有必要考虑到鼻部疾病的可能性。

吃不下

摄食、咀嚼及吞咽障碍

摄食及咀嚼

摄食和咀嚼困难的动物可能表现出饥饿以及对食物的兴趣，但不是无法正确取食，试图吃进食物时表现出疼痛，就是咀嚼时食物会从嘴里掉出来。摄食及咀嚼障碍通常与口部及咽部病变有关。

口部的局部疾病包括以下几种：

- 炎症
- 溃疡
- 异物
- 牙病
- 肿瘤

比较少见的情况下，咀嚼肌的炎症（肌炎），或导致颌部肌肉及舌肌麻痹的神经肌肉损伤也可致使动物表现摄食或咀嚼困难。咀嚼肌由第Ⅴ对颅神经（三叉神经）支配，舌肌则由第Ⅻ对颅神经（舌下神经）支配。

吞咽困难

吞咽困难表现为过度地用力吞咽以及食物经口腔或鼻腔返流。

吞咽困难可由以下病症导致：

- 舌部或咽部的局部病症如炎症、异物、外伤或肿瘤
- 硬、软腭异常
- 极少见的情况下，累及第Ⅸ对（舌咽神经），第Ⅹ对（迷走神经）或第Ⅻ对颅神经（舌下神经）的神经障碍
- 环咽肌失弛缓症——一种年幼动物的罕见先天性障碍，环咽肌在吞咽时无法松弛，从而导致吞咽困难。此病病因不明，但可以通过环咽肌切开术进行手术修复

炎症的评估

嘴唇、牙龈、舌部及其他口咽部结构的炎症均可阻碍正常的摄食、咀嚼和吞咽过程。炎症不仅可能来自局部疾病，也可能来自全身性疾病。

相关全身性疾病如下：

- 肾衰所致尿毒症
- 猫的病毒感染（舌）
- 自身免疫性疾病（天疱疮）
- 中性粒细胞减少症
  - 药物诱发血液异常，如保泰松和苯巴比妥
  - 骨髓衰竭，如猫白血病病毒（FeLV）相关的骨髓衰竭

相关局部疾病如下：

- 刺激物（植物或化学品）
- 异物（通常嵌入硬腭）
- 牙病
- 猫嗜酸性粒细胞综合征
- 淋巴细胞性/浆细胞性口炎
- 肿瘤
  - 良性
    - 乳头状瘤
    - 龈瘤
  - 恶性——不幸的是，绝大多数口腔肿瘤都是恶性的，下面只列出最常见的几种：
    - 恶性黑色素瘤
    - 鳞状细胞癌
    - 纤维肉瘤

不想吃

厌食

当动物以厌食为主诉，并且未表现出其他临床异常时，进行彻底详细的体格检查往往可以发现更加具体的、可继续探究的异常表现，例如发热、肿物、严重便秘、严重心脏病、贫血及黄疸。

但有时候仅依靠查体并不能找到潜在的原因，这种情况下，诊断思路应部分取决于厌食持续的时长以及厌食的程度。

24~48 小时未进食，体况正常且无不适表现的动物可能适用于“等待并观察”的方式——向动物主人说明严重厌食可能会表现其他症状如呕吐或腹泻，观察到这些症状将有助于定位异常。此类病例中需要确认的重要信息是近期是否发生日粮的改变，以及是否存在可能导致厌食的环境因素，如高温天气、动物主人外出、新宠物或婴儿到家以及更换主人或搬家。

如果厌食持续时间较长，以及/或者动物体重明显减轻，以及/或者动物表现出不适症状，则应采取诊断手段进行进一步检查。可导致厌食的疾病极多，例如肝脏疾病、肾衰、肿瘤、感染、电解质失衡、内分泌失调、贫血和毒素等。辨明原因的任务十分艰巨。

2 判断所涉及的系统

体重下降的诊断手段应首先聚焦对异常所涉机体系统的判断，而且如有可能，应从非创伤性或较经济的检查项目开始，再依据需要决定是否进行更进一步的创伤性或较昂贵的检查。

有必要对消瘦动物的炎症/感染状况、血浆蛋白水平、肝肾功能指标、电解质平衡及血钙水平进行评估。对体重下降的猫，应考虑病毒感染的可能，如猫白血病病毒（FeLV）及更常见的猫传染性腹膜炎（FIP）感染；在铅中毒高发的地区，还应考虑铅中毒的可能，因为铅中毒的猫很可能只表现食欲下降而消瘦。对高龄动物，应考虑进行细致检查（如胸腹部影像学检查）以排除肿瘤。

体重下降但食欲正常甚至增加

体重下降伴正常甚至旺盛食欲的情况可以分为以下几种：

- 同化障碍——消化障碍或吸收障碍所致体重下降
- 利用障碍——营养物质的消化及吸收过程均正常，但在体内无法得到正常利用

为了明晰上述诊断思路的合理性，我们需要对正常状态下营养物质同化的生理机制有一个基本理解。

消化生理

营养物质的同化分为三个阶段，扰乱其中任何一个阶段都可能导致同化障碍。

管腔内阶段：

- 消化酶（胰酶为主）分泌入肠腔
- 肠腔内的消化活动

黏膜阶段：

- 黏膜细胞表面的消化活动
- 营养物质被吸收进黏膜细胞内
- 黏膜细胞内对营养物质进行的任何加工过程

转运阶段：

- 营养物质从黏膜细胞转运至血液循环中

消化障碍

虽然食欲正常甚至非常旺盛，消化不良的动物却通常表现出粪便外观异常以及明显消瘦。导致消化不良最常见的疾病是胰腺外分泌机能减退（EPI）——其他病症要么不太常见，要么仅仅是病理生理过程中的阶段性表现。

这些病症包括下面几种：

- 肠腔内环境不适合消化酶发挥功能导致的继发性酶缺乏。如

胃酸分泌过多导致胰酶失活

- 回肠或肝脏疾病导致的胆盐活性丧失或下降
- 刷状缘酶缺乏
  - 先天性
    - 海藻糖酶（猫）
    - 氨肽酶 N（比格犬）
  - 获得性酶量减少
    - 相对乳糖酶缺乏

EPI 患病动物有时会发生大肠腹泻。这可能是同化不全的脂肪刺激结肠黏膜和 / 或细菌过度生长所致。

吸收障碍

如果营养吸收的三个阶段（管腔内、黏膜、转运阶段）中的任何一个遭到扰乱，动物便会发生吸收障碍。吸收障碍通常会表现腹泻，但程度常常比较轻微，偶尔也有动物排出比较正常的粪便。

一个管腔内阶段吸收异常的例子是甲状腺功能亢进所致的动力障碍，致使营养物未经充分吸收便迅速通过肠道。

而黏膜阶段功能异常则可能包括下列情形：

- 刷状缘蛋白转运不足。这可能来自先天性的缺陷如遗传性选择性维生素 B_{12} 缺乏症，或后天继发于弥散性肠病
- 炎性肠病或肠绒毛萎缩导致的肠细胞缺损

导致转运阶段障碍的原因如下：

- 淋巴管阻塞
  - 原发病因如淋巴管扩张症
  - 继发病因如肿瘤、感染或炎症
- 血管损伤
  - 血管炎，如感染或免疫性疾病
  - 右心功能不全或肝脏疾病导致的门脉高压

3 判断所涉及的系统及病灶性质

回顾前面几节所述的同化障碍病的生理原理，我们可以明显看出吸收障碍可能由原发或继发性胃肠疾病导致。

原发性胃肠疾病

吸收障碍的原发性胃肠病因来自小肠浸润性疾病导致的广泛肠壁损伤。若想确定这些原发性胃肠疾病的具体病因，通常需要进行肠道活检。

会导致吸收障碍的原发性胃肠疾病包括以下几种：

- 炎性肠病
- 浸润性肿瘤，如淋巴肉瘤及肥大细胞瘤
- 食物不耐受 / 过敏
- 肉芽肿型猫传染性腹膜炎
- 淋巴管扩张症
- 深部真菌病（在此病的发生地区）
- 偶尔，严重的小肠细菌过度生长（SIBO）或抗生素响应性腹泻（ARD）也会导致明显的吸收障碍

继发性胃肠疾病

可导致吸收障碍的继发性胃肠疾病中，最重要的是甲状腺功能亢进及肝脏疾病。前者大幅地增加食量并使食物快速通过肠道，增加粪便量并缩短了供机体妥善吸收营养物质的时间；后者通过减少胆盐及胆汁酸分泌导致消化和吸收障碍，并因门脉高压而进一步影响吸收。消瘦并不是绝大部分肝病病例最主要的临床表现，但如与食欲进行比较，则可发现体重下降明显。

营养利用障碍

营养利用综合征病患体重下降的同时食欲正常甚至增加。虽然一

些导致营养利用异常的疾病如甲状腺功能亢进及肝脏疾病会表现腹泻和其他症状，此类病症通常不以腹泻为主要特点。

4 确定病灶性质

导致营养利用异常的疾病包括以下几种：

- 糖尿病
- 充血性心力衰竭（通常也会导致吸收障碍）
- 恶丝虫病（在发生此病的地区）
- 肿瘤（因肿瘤会分泌恶病质素？）
- 甲状腺功能亢进
- 肝脏疾病
    - 肝脏疾病通常会降低动物的食欲，但有些不感到恶心的动物也可能表现出正常或增加的食欲。人的病例显示，急性肝脏疾病病人分解代谢旺盛，能量消耗剧烈，这时如果无法补充足够能量，病人将发生明显的消瘦。同样在人，肝脏疾病导致的严重代谢改变使机体提前开始动用替代能量储备，分解代谢加速，并转而利用肌肉蛋白及脂肪组织。肝脏疾病患病动物的代谢过程尚未研究透彻，但仍可观察到与进食状况不符的严重消瘦
- 肾脏疾病
    - 肾小球肾病会使患病动物经尿液丢失蛋白质，进而降低体重。但这种情况导致的消瘦意味着蛋白质丢失已很严重，并通常会伴有其他全身性症状如低蛋白血症。肾小管肾病通过食欲降低使动物消瘦，但不应因动物食欲正常便排除此病，因为这个食欲下降的过程可能非常轻微缓慢，以至于一些动物主人发现不了，以为他们的宠物饮食状况还很正常。肾脏蛋白质丢失以及肌肉损耗的分解作用使得肾脏疾病病患可能表现非常严重的消瘦（但不会出现食欲增加的情况）

兽医可以借助病史及当前临床症状缩小诊断手段所关注的范围。值得注意的是有些疾病通常会导致真正的多食（如糖尿病及甲状腺功能亢进），而另一些则不一定会导致食欲增加——更经常发生的是食欲正常但体重下降的情况（如心功能不全、心丝虫病、肿瘤及肾脏疾病）。这些病也可能表现食欲下降，这种情况下体重下降常表现得更加严重，与厌食程度不符。

本章总结

体重下降是临床上常见的表现。它既可能是评估病例需要关注的主要表现，也可能是某种特定疾病所致的后果之一。请注意，在腹泻是主要临床表现的情况下，应结合腹泻章节介绍的相关诊断思路进行处理。腹泻迁延不愈伴消瘦常表示动物最有可能发生了消化或吸收障碍，但甲状腺功能亢进仍应纳入考量，尤其是猫的病例。EPI是与消化障碍紧密相关的唯一一种疾病（不表现其他临床症状），可通过血浆类胰蛋白酶免疫反应（TLI）水平进行诊断。注意甲状腺功能亢进和肝脏疾病可以导致一定程度的吸收障碍，使粪便中脂肪含量增多。

血清生化及血液学检查可以提供有关导致吸收障碍的胃肠病因类别的辅助信息，但无法用于具体病变组织的诊断。但验血可以用来排除营养利用障碍的各种病因——面对猫病例应始终考虑甲状腺功能亢进的可能性，并且如有条件应检测 T_4 水平进行排除。

在已排除消化障碍、营养利用障碍及继发性胃肠疾病所致吸收障碍的情况下，应主要考虑原发性胃肠疾病导致的吸收障碍——此时通常应进行活组织检查（内镜或腹腔镜）进行最终确诊。

第五章　腹围增大

Jill E. Maddison
皇家兽医学院，临床科学与服务系，伦敦，英国

胀大的腹部相对而言容易被主人留意到，这可能是动物来就医的主要原因，但也可能是查体过程中的意外发现。与许多其他症状类似，腹围增大预示的病况可能很轻微，也可能危及生命，因此使用合理、可靠的诊断思路进行评估非常重要。

1　界定异常表现

腹腔内积聚的液体、气体或实质结构，或者腹部肌肉无力都可以表现出腹部胀大的症状。

可以借助腹围增大的“5F法则”来拓展思路：

- 液体
- 脂肪
- 胃肠胀气——如肠扭转所致
- 粪便
- 胚胎

另外，腹腔内存在肿瘤或器官（如肝、脾）发生肿大也有可能造成腹围增大。库欣综合征（肾上腺皮质功能亢进）患犬也常因腹肌松弛、脂肪移位及肝脏肿大而表现得“大腹便便”。

与胸腔积液压迫肺脏引发一系列可能危及生命的严重心肺功能障碍不同，腹腔积液本身通常不会过度影响器官功能。

腹围增大的诊断手段包括腹部影像检查及腹腔穿刺。一旦界定了异常表现，辨明了导致腹围增大的物质（液体、气体或实质等），下

一步可以采取的诊断途径和手段便比较清晰了。本章接下来将对积液所致腹围增大这一异常表现进行重点讨论，以便较清楚地展示接下来完善界定异常表现、判断所涉系统及病灶性质等重要步骤。

1 完善对异常表现的界定

确定腹腔积液是造成腹围增大的原因之后，接下来的诊断步骤将取决于液体的性质。腹腔积聚渗出液的情况下，主人和/或兽医通常便会很容易注意到病患胀大的腹部，并且可以在触碰腹壁时觉察到“液体波动感”。有时候这种表现会被直接判定为“腹水”并跳过对病因的探究直接进行治疗。鉴定积液性质的检查手段非常简单直接，包括对穿刺液进行大体观察，用折射仪测定比重及蛋白含量，涂片染色镜检（根据设施及人员条件可在本院内检查或送外部检测实验室）等。

积液性质

腹腔积液可依穿刺结果大致分为以下几类：

- 血性积液
- 尿液
- 漏出液
- 变性漏出液
- 渗出液
- 嗜酸性粒细胞性渗出液
- 乳糜
- 囊肿液（如果穿刺进囊肿内）

液体在哪里?

我们可以借助积液的分布来缩小可能病因的范围：

- 腹腔及胸腔积液同时出现提示全身性的疾病，如心功能不全、低蛋白血症、凝血障碍及猫传染性腹膜炎

- 只积聚在某一个腔隙的液体可能来自上述疾病或更加局部的病变
- 如伴发皮下水肿，则应首先考虑低蛋白血症

具体进行诊断的第一步则是鉴别积液类别——不一定非常精确，但常常可以指导我们逐步排除列在脑中的一长串备选诊断。

腹水

腹腔中漏出液及变性漏出液的异常积聚称为腹水，其最常见的病因是门脉高压。

单纯漏出液

- 只含少量细胞（<（0.5~1.0）× 10^9 个 / 升）
- 单核细胞为主
- 蛋白含量 <25~30 克 / 升
- 比重 <1.018

变性漏出液

- 含较多细胞（≤5.0 × 10^9 个 / 升）
- 相较单纯漏出液含更多嗜中性粒细胞
- 蛋白含量≤35 克 / 升
- 可为浆液血色样液体（即包含少量红细胞）
- 比重 1.018~1.025

正如名称所示，变性漏出液是经一定时间的腹腔内积聚性质发生改变的漏出液，因此其发生原因与单纯漏出液相同。

漏出液发生原因

门脉高压

门脉高压可依门脉血流受限的不同位置分为以下几类：

- 肝前型门脉高压

- 肝内型门脉高压
- 肝后型阻塞

肝前型门脉高压

肝前型门脉高压导致的腹水的情况并不常见，因为如果门静脉阻塞，肠道淋巴管流量会代偿性地大幅增加，而且门脉系统与后腔静脉间的侧支循环也可以缓解压力。

造成肝前型门脉高压的原因可能有这些：

- 管腔狭窄阻断门脉血流
- 门静脉血栓
- 脓肿，肿瘤或肝门部淋巴结增大从外部压迫门静脉

肝前型门脉高压通常不会造成肝脏肿大，腹水蛋白质含量较低（<25 克 / 升）

肝内型门脉高压

下列情况下可能会发生肝内型门脉高压：

- 肝动静脉瘘
  - 动脉血通过瘘管无节制地流入门脉系统致使通过肝脏的血流量增加，进而导致门静脉流体静压升高
- 慢性活动性肝炎
- 肝硬化及纤维化
- 肝内肿瘤
- 肝脏严重脂肪浸润

肝内型门脉高压的肝脏可能大小正常，增大或缩小，所致腹水的蛋白质含量多样。

肝后型阻塞

这是最常见的一类门脉高压。病因如下：

- 右心衰竭
- 心包疾病
- 右心房肿瘤
- 后腔静脉或门静脉血栓或外部压迫，如肿瘤所致

○ 这种情况下后腔静脉与门静脉压力同时升高，两者之间不存在压力梯度，使得血液无法通过其他伴行途径离开以缓解门静脉压力

这种情况下产生的腹水来自蛋白丰富的肝脏淋巴，因而蛋白质含量较高（>25 克 / 升），总浓度可接近血浆白蛋白浓度。

肝后型阻塞常表现肝脏肿大，常常在有腹水的同时发生胸水，这一点与只导致腹水的肝前及肝内型门脉高压不同。

低蛋白血症

低蛋白血症极少单独导致腹水。肝血窦内皮细胞形成疏松多孔的膜结构，使得包括血浆蛋白在内的大分子可以轻易通过。然而内脏毛细血管孔径是肝血窦的 1%~2%。于是肝血窦内外的胶体渗透压梯度基本为零，而内脏循环的胶体渗透压梯度则为 0.8~0.9（即最大 80%~90%）。

如此大的胶体渗透压梯度使得血浆白蛋白浓度很难影响到跨微血管的液体交换。因此，有关胶体渗透压降低便可导致腹水的旧有理论是错误的，而且血浆白蛋白浓度高低并不会影响腹水形成的速率。造成肝脏疾病患病动物发生腹水的关键还是门脉高压，肝静脉压力梯度（HVPG）低于 12 毫米汞柱（1 毫米汞柱 =133 帕斯卡）的动物极少发生腹水。

当肝脏或肾小球疾病导致了低蛋白血症时，机体会通过某种目前未知的途径启动紧急钠潴留。紧急钠潴留造成体液潴留，进而发生腹水。这一过程的发生机制可能涉及肾素 - 血管紧张素 - 醛固酮系统（RAAS）的激活、心钠素缺乏或肾内前列腺素调节下的肾血流变化。另外，肝硬化导致的肝静脉血流阻塞可使动物的门静脉压及肝血窦滤过压升高，从而发生腹水。

通常，只有白蛋白浓度低于 15 克 / 升（或者更常见的，10 克 / 升）的情况下，低蛋白血症本身才可能独立导致腹水。因此，如果低蛋白血症动物的血浆白蛋白浓度高于 15 克 / 升，则肝病或肾小球疾病的可能性高于蛋白丢失性肠病，因为这两种疾病都可能发生前述紧

急钠潴留（及体液潴留）。

淋巴管阻塞

膈疝及肿瘤造成的淋巴回流受阻也可导致腹水。

渗出液

特点

- 通常细胞含量很高（$>5.0\times10^9$个/升），不过也有时细胞量只算中等（猫传腹致渗出及肿瘤致渗出）
- 含中性粒细胞及单核细胞
  - 非感染性渗出液中，中性粒细胞通常不发生退化，并且无病原检出，渗出液可呈浆液血色样（即含有少量红细胞）
  - 感染性渗出液中，有核细胞数量极多，以退化的中性粒细胞为主，常可在其中或巨噬细胞中观察到菌体
- 蛋白含量 >30 克/升
- 比重 >1.025
- 囊肿液（如肾积水）的特点可能与非感染性渗出液相似，但其蛋白含量非常高，细胞含量也属中等或很高（以退化或衰老细胞为主）

非感染性渗出液发生原因

- 胆汁性腹膜炎
  - 初期为非感染性渗出液，但如果胆管破裂伴发坏死，则会很快变为感染性渗出
  - 外伤导致的胆管破裂时，原本是无菌的胆汁漏入腹腔后会造成黏膜通透性改变，进而继发细菌感染
  - 病患会出现黄疸
- 猫传染性腹膜炎
  - 渗出液通常含有纤维蛋白束，细胞含量可能极高，也可能差别不显著

- 肿瘤
- 非感染性腹膜炎
    - 如继发于胰腺炎之后的腹膜炎
- 慢性炎性肝病
- 膈疝
- 脂肪炎
- 尿液性腹膜炎

感染性渗出液发生原因

- 腹膜炎
    - 腹部贯穿伤
    - 肠穿孔
    - 胆汁性腹膜炎

嗜酸性粒细胞性渗出

特点

嗜酸性粒细胞性渗出液可能表现得像漏出液，同时也可能有渗出液的特点，但其所含细胞成分的 10% 以上是嗜酸性粒细胞。

发生原因

- 寄生虫幼虫异位移行
- 肥大细胞瘤
- 淋巴瘤
- 真菌病
- 弥散性嗜酸性肉芽肿

血液

通过观察液体是否凝结，可鉴别穿刺获得的血液是来自胸腹腔积液，还是近旁的血管乃至心脏。如果穿刺液不凝结（动物也没有罹患凝血障碍），则可认为血液为来自胸腹腔的积血，且已经发生脱纤（积聚超过 1 小时）。如果穿刺液凝结了，那么你方才大概不小心扎进了某个血管或者血管丰富的器官。

血性渗出液的细胞分布在形成初期与外周血一致，随着时间推移，中性粒细胞及巨噬细胞的数量会逐渐增加。血性渗出液中常见噬红细胞现象，有助于鉴别真性血性渗出和外伤后血液在体腔内的积聚。

因脾肿瘤破溃而发生腹腔内出血的动物常表现多饮现象（同时多尿，尿比重不定）。

发生原因

腹腔积血可能来自腹腔内疾患（如脾血管肉瘤等肿瘤出血、脾脏或肝脏破裂、肾动脉撕脱、术后出血等医源性原因）或全身性障碍如凝血疾病（详见第十一章）。

尿液

膀胱扩张、弛缓或破裂均可能导致尿液进入腹腔。如果不能确定在腹腔内收集到的究竟是尿液还是积液（有时稀释的尿液看上去和漏出液非常相似），可以测定其尿素或肌酐水平。尿液中这几项的浓度应高于血浆浓度，而在其他种类的积液中则与血浆浓度持平。但这种鉴别方法只适用于膀胱破裂 24 小时之内的病例，这之后腹腔液体的成分将与血浆达成动态平衡，大幅降低测试的诊断意义。

乳糜

乳糜是经胸导管或腹腔淋巴管漏入胸腹腔的、富含甘油三酯的液体。

特点

- 经离心后仍呈不透明状
- 蛋白含量 =20~60 克 / 升

- 比重 >1.018
- 细胞含量为（0.4~10.0）× 10^9 个 / 升
- 细胞种类
  - 早期以小淋巴细胞及少量中性粒细胞为主
  - 随时间推移，逐渐变为以非退化中性粒细胞为主，淋巴细胞较少，巨噬细胞数量逐渐增多，可能有浆细胞检出
- 加入醚类之后液体变清亮（醚类可溶解乳糜微粒）
- 液体中甘油三酯浓度高于血浆中浓度，而胆固醇浓度则低于血浆中浓度
- 胆固醇：甘油三酯 <1
- 含嗜苏丹脂滴
- 假性乳糜与乳糜外观类似，但没有上述特点
- 鉴别假性乳糜与乳糜的必要性存疑。导致两者的病理原因类似，因而鉴别对缩小诊断范围并没有实际意义

发生原因

- 淋巴管扩张症
- 肿瘤导致的淋巴管阻塞或破裂
- 右心功能不全

本章总结

诊断腹围增大的关键是首先确定导致胀大的物质。检出物是液体时诊断思路相对简单——判断积液种类，进而对相应的一系列鉴别诊断选项进行分析排除。但需要注意的是，临床上常出现各备选诊断之间并不泾渭分明，相互重叠难以区分的情况。因此，为了得到最终确诊，病史、查体、积液分析、实验室检测及影像学检查所获得的所有信息都有其宝贵价值。

第六章　无力

Holger A. Volk[1]，David B. Church[2] 和 Jill E. Maddison[1]
1 皇家兽医学院，临床科学与服务系，伦敦，英国
2 皇家兽医学院，伦敦，英国

无力是动物到初诊诊所就诊的另一常见原因。这个症状通常与中枢神经系统或神经肌肉系统损伤有关。因此如果要问动物呈现的无力症状必定“涉及哪个或哪几个系统”，正确答案应是中枢神经系统或神经肌肉系统。上述系统可以自身出现原发性的病变，也可能受累于其他器官系统的病变。原发病变往往会使中枢神经系统或神经肌肉系统发生结构上的改变，导致更加严重的局灶性功能障碍；而继发异常则通常不会造成结构改变，影响范围也更加广泛。本章将指导你如何对常见病因引起的无力症状进行诊断。即便是无法完全确定病因的情况下，你也可以运用本章讲解的方法向动物主人解释病症发生的可能原因及预后。

对无力病患的初步评估

1 界定异常表现

当你见到一只有过阵发性无力、疲劳或倒地病史的动物时，首先要做的便是界定其主要异常表现究竟是什么，这一点有时颇有难度。动物主人可能描述说自己的狗倒地了一阵，但作为兽医，为辨明实际发生的异常表现，你势必要获取下列关键信息：

- 动物在发作之前及之后有什么表现？

- 在发作过程中动物是什么样的表现?
- 在发作过程中动物是否失去意识?（见于昏厥或癫痫发作）

有了这些信息，你便可以确定动物是否：

- 失去意识。（提示昏厥或癫痫发作）
- 没有发生惊厥反应。（比起癫痫，更常见于昏厥中）
- 在各段发作之间表现正常（阵发性无力），是否由运动引发发作（疲劳），或动物是否持续性地表现乏力（持续性无力）
- 表现与肢体不协调有关（共济失调）或无关的痉挛性或弛缓性的“无力”症状。

发生弛缓性无力的动物可能表现的常见症状包括：

- 返流
- 轻瘫
- 起立困难
- 运动不耐受
- 阵发性无力
- 疲劳
- 声音改变
- 肌肉变化
- 僵硬，踩高跷样步态
- 无法正常抬头，或持续性的颈部低垂（尤其是患猫）

肌肉骨骼系统疾病

累及骨骼或关节的肌肉骨骼疾病很容易便会与神经系统疾病（另见第十三章）导致的无力相混淆。例如双侧“十”字韧带断裂的犬可能被当作后肢“瘫痪”，而腰荐疾病患犬则可能在就诊时被描述成后肢无力。因此在开始针对神经系统疾病（不管是结构性还是功能性）的一系列诊断检查之前，极其关键的一步便是先视情况考量并排除肌肉骨骼系统疾患。另外需注意，动物也可能同时患有骨骼、中枢神经及神经肌肉系统疾病，例如德国牧羊犬的后肢步态异常可以来自髋关节脱位引发的退行性关节病和退行性肌病（另见第十三章）。

2 判断所涉及的系统

中枢神经系统或神经肌肉系统功能障碍的动物可能表现倒地或无力。神经系统可分为中枢神经系统（脑及脊髓）和神经肌肉系统（外周神经、神经肌肉接头及肌肉组织），前者调控后者。此二系统的功能障碍可能来自原发性的结构异常或受累于其他一个或多个机体系统的病变。

功能障碍可能经以下一系列不同方式导致中枢或神经肌肉正常机能受损。

- 减少脑部、神经或肌肉的营养物质供给
  - 如葡萄糖及氧气
- 损伤血管功能
  - 如红细胞增多症及高球蛋白血症
- 改变神经及肌肉组织的内环境使其功能受损
  - 如钙、磷失衡
- 产生内毒素
  - 如尿毒症

由此可见，可以导致动物表现无力症状的疾病包括：

- 累及以下部位的原发性、结构性中枢神经或神经肌肉系统疾病：
  - 脑
  - 脊髓
  - 外周神经
  - 神经肌肉接头
  - 肌肉
- 由以下疾患导致的继发性、功能性中枢神经和/或神经肌肉系统疾病：
  - 心血管/造血系统疾病

        - 心脏、血管及血液
    - 代谢性疾病
        - 微量元素
        - 葡萄糖
        - 内毒素
    - 呼吸系统疾患
    - 骨骼系统疾患

本章接下来的内容将主要聚焦于发生神经肌肉系统病变而表现弛缓性无力的动物。我们将在第七章详细介绍对主要表现“倒地”的动物进行临床推理的思路；并在第十三章详述如何对综合表现步态异常，痉挛性无力（上运动神经元性轻瘫）和/或动作不协调（共济失调）的动物进行临床推理。

3 判断病灶位置

在诊断导致无力的中枢神经及神经肌肉系统疾病时，常规查体及神经学检查是判断所涉及系统与根据情况确定系统受累具体部位的关键步骤。借助神经学检查，兽医可以在中枢神经系统（参见第十三章）或神经肌肉系统中确定病灶位置（“病灶在中枢还是外周？如果在中枢/外周，具体在什么位置？”），并反过来证实对所涉系统及相关结构及功能异常的判断。

神经肌肉疾病的常见神经学表现

- 四肢轻瘫 +/– 外周共济失调
    - 轻瘫是运动神经功能障碍的表现，而共济失调则是感觉神经/本体感受功能障碍的征象。一般而言，面对的是无共济失调的轻瘫，你应主要考虑肌肉方面的疾患
- 肌肉萎缩/疼痛
- 脊髓反射及肌张力降低
- 感觉缺失或自残

一般情况下，感觉障碍主要提示原发性神经肌肉疾患，因为功能性疾病很少会主要表现感觉障碍。

另外，许多神经疾病都常涉及自主神经系统，因此对该系统的功能进行检查也很重要。下列表现提示自主神经系统功能障碍：

- 散瞳或瞳孔不等大
- 泪液分泌减少
- 唾液分泌减少
- 心动过缓
- 便秘
- 尿潴留

如果你在检查中发现的主要（或仅仅）是上述自主神经系统损伤的表现，你应当主要考虑自主神经系统原发疾病的可能（如犬猫自主神经失调）

中枢神经系统及神经肌肉系统异常的神经解剖学定位

神经学检查可分为以下两部分：（见第七章）

A. 整体观察

- 精神状态及行为
- 姿态
- 步态
- 非自主性异常步态的识别（见第七章）

B. 操作检查

- 姿势反应检查
- 脑神经检查
- 脊髓反射，肌张力及肌肉大小
- 感觉评价

整体观察

精神状态及行为

整体观察是神经学检查中最重要的部分。你一定要评估并且向动物主人确认的首要问题是动物是否发展或表现出反常的行为，以及其精神状态是否发生变化（如反应迟钝）。行为异常及精神状态的变化提示脑部病变（见第七章），而纯粹损伤神经肌肉系统的疾病不应导致上述精神及行为变化。

姿态及步态

从前方或后方（向你走来，离开你走远）及侧方（经过你面前）稍远处观察动物的姿态及步态。共济失调是动作丧失协调的一种异常表现，可见于感觉（本体感受）通路疾患。轻瘫表现为自主动作减弱，而瘫痪则是完全丧失自主动作能力。痉挛性（上运动神经元性）轻瘫或瘫痪可见于神经通路损伤位于相关肢体所属脊髓膨大（颈膨大或腰膨大）头侧的疾病，另可见于涉及中枢神经系统的疾病（详见第十三章）。弛缓性（下运动神经元性）轻瘫则提示会导致运动单位[①]功能丧失的疾病。因此发生弛缓性轻瘫意味着疾病涉及神经肌肉系统。大多数疾病会影响动物的四肢，而后肢因涉及较长的神经通路，通常会表现出较严重的障碍。至于疾病累及的是肌肉，神经肌肉接头还是外周神经，可以运用生理学知识辅助辨析——大多数外周神经是由感觉神经纤维及运动神经纤维混合构成，因此，如果神经受到损伤，你可以同时观察到轻瘫和共济失调（表 6.1 还列出了感觉缺失可能导致的其他表现）；相反，神经肌肉接头及肌肉本身的疾病则只表现轻瘫，看上去与骨科疾病导致的跛行非常相似。动物缓慢行走时，我们常常更容易看出其是否存在共济失调。另外，神经肌肉疾病导致的轻瘫会随运动加重，因而应在动物小跑时进行同样的观察。

① 运动单位是包括脊髓膨大（脊髓上发出四肢神经的膨大部分）、神经肌肉接头，及相关肌肉或肌肉群的结构，是肌肉运动的机能单位。

表 6.1 神经肌肉系统疾病的神经解剖学定位（包括神经功能损伤）

神经学检查项目	外周神经疾病	多神经根（运动）神经疾病	神经肌肉接头病	肌病
精神状态 姿势及步态	恰当水平和质量 跖行姿； 患肢弛缓性轻瘫或麻痹（运动功能受损）； 共济失调（感觉功能受损）	恰当水平和质量 患肢弛缓性轻瘫或麻痹。	恰当水平和质量 不运动时通常不明显； 运动引发僵硬高跷步态； 接着发生或单发患肢弛缓性轻瘫 / 麻痹（运动过程中出现或呈严重表型）	恰当水平和质量 僵硬的高跷步态（运动后加剧）； 轻瘫
姿势反应	患肢出现姿势反射缺失（感觉和 / 或运动神经）	患肢出现姿势反射缺失（运动部分受损）	变化与否取决于疾病严重程度或运动剧烈程度	通常无变化； 运动时或严重表型可能出现异常
脊髓反射	患肢减弱至消失	患肢减弱至消失	仅严重表型或运动时表现明显变化	无明显变化
肌肉量与张力	肌张力降低至消失，伴随中度至重度肌肉萎缩（运动神经受损时）	肌张力降低至消失，慢性时伴随中度至重度肌肉萎缩（运动神经受损时）	通常无明显变化	萎缩或肥大； 肌张力降低或挛缩（张力亢进 – 肌强直）
感觉	若波及感觉神经，则感觉及痛觉降低直至消失	无明显变化	无明显变化	无明显变化
脑神经 痛觉	可能受到波及 感觉异常； 自残现象	无明显变化 可能有脊柱痛	可能出现面部无力 无明显变化	可能出现咀嚼肌萎缩 可能出现肌肉痛（例如相关炎症 / 感染性疾病和肿瘤病患）
其他	可能出现自主神经系统症状			

操作检查

姿势反应

姿势反应检查有助于你确认受疾病影响的是哪一肢，但在确定神经系统哪一部分出现异常方面用处不大。这个检查主要是通过检测本体感受（感觉）传入及运动传出神经通路（感受器→外周神经→脊髓→脑→脊髓→运动单位；另见第十三章）而起到类似筛查的作用。

颅神经检查

中枢神经及神经肌肉系统疾病可损伤颅神经。颅神经检查中最重要的是恫吓反射检查，这项检查可以测试脑部大部分区域的功能，因而可以方便地作为颅神经损伤的“筛查”手段。【反射通路：视网膜→视神经→视神经交叉（65%~75% 的神经纤维交叉至对侧）→视束→外侧膝状体→视辐射→大脑枕叶→投射纤维→运动皮层→小脑→面神经核→面神经→眼轮匝肌】

如果恫吓反射减弱或消失，你首先需要进行视觉检查，观察动物行动时是否会撞到东西，也可以进行瞳孔光反射（PLR）检查以评估视觉通路的一部分功能。在进行 PLR 检查之前，应记录瞳孔初始大小以及是否有瞳孔不等大的现象。为了检查轻微的瞳孔不等大，可在稍远处用光同时照射动物双眼并通过观察明毯反射的光亮判断瞳孔大小。对年老的动物，有必要考虑虹膜萎缩导致假性瞳孔不等大的可能。PLR 的反射通路起始部分与恫吓反射一致，但中枢部分只涉及脑干。【反射通路：视网膜→视神经→视神经交叉（65%~75% 的神经纤维交叉至对侧）→视束→顶盖前核→后联合（大部分神经纤维在此再度交叉）→动眼神经副交感神经核（第Ⅲ对颅神经）→动眼神经→虹膜括约肌】

如果动物表现恫吓反射障碍，但其视觉和 PLR 检查均正常，则应考虑使用眼睑反射来测试面神经（第Ⅶ对颅神经）的运动功能。快速重复进行这项检查时，患有神经肌肉系统疾病的动物的眼睑反射会逐渐减弱。另外，眼睑反射的感觉功能由三叉神经（第Ⅴ对颅神经）控制。三叉神经既具备运动神经功能，又具备感觉神经功能。其运动部分（下颌支）控制所有咀嚼肌，而感觉功能则通过下颌支，上颌支及眼支覆盖整个面部。面部感觉功能可以从反射（眼睑反射）及意识（嫌恶反应）两方面来进行评估。

除运动功能外，面神经也具备感觉功能，控制面部表情肌的动作。具体表现为损伤侧鼻翼缩小，嘴唇松垂或积聚唾液。控制泪液分泌属面神经的自主神经功能，可用席尔默泪液分泌试验进行检查。

另外，可从稍远处观察头部肌肉对称性。肌肉分布不对称可见于多种颅神经运动功能障碍。

其他可能受累于中枢神经及神经肌肉系统疾病的颅神经是第Ⅸ~Ⅻ对颅神经。

- 第Ⅸ对颅神经：舌咽神经，控制咽部，具有运动及感觉神经纤维。可通过咽反射检查
- 第Ⅹ对颅神经：迷走神经，支配喉部，并有副交感纤维通向胸腹部各器官
- 第Ⅺ对颅神经：副神经，支配部分颈部肌肉
- 第Ⅻ对颅神经：舌下神经，其功能可通过肉眼观察动物的舌部进行评估。舌的轻瘫、偏斜、萎缩或不对称都提示舌下神经疾患

脊髓反射

脊髓反射的检查应有条理地遵照一定顺序进行，这有助于兽医察觉异常。一般而言，应首先检查肌张力，接着是各项脊髓反射检查。神经肌肉系统疾病会表现肌张力降低的现象。而脊髓反射的程度则可能因为肌肉纤维化，关节挛缩等而减弱，或因缺少相抗衡的肌肉张力而大幅增强（如可见于坐骨神经损伤的假性反射增强）。因此，应基于神经学检查中其他项目（步态、姿态及肌张力）的结果解读脊髓反射表现。在神经肌肉系统疾病中，患肢的脊髓反射通常会减弱（可在

动物运动前、后分别进行测试）。

- 如反射减弱或消失，则病灶位于反射弧中某处（感受器→外周神经→脊髓→外周神经→神经肌肉接头→肌肉）
    - 肌腱反射如膝反射减弱（膝关节伸展程度下降），或肱二头肌、肱三头肌或腓肠肌反射减弱（肌肉收缩程度下降）
    - 回缩（屈肌）反射减弱，表现为特定关节屈曲程度下降
        - 后肢检查：胫趾反射减弱（坐骨神经功能障碍）
        - 前肢检查：肘反射减弱

触诊

你可借助触诊检查肌肉萎缩或增生、肿胀、疼痛、肿块、肌肉挛缩及肌张力变化。触诊应分别在动物站立位及侧卧位时进行。

感觉评价

如果你怀疑动物的神经肌肉系统异常来自外周神经损伤，检查其感觉功能或可有所助益。不过，鲜少有神经肌肉系统受损的动物会表现严重的痛觉缺失。

表 6.1 列出了表现不同神经肌肉系统损伤的各种神经肌肉系统疾患。

考虑常规查体及神经学检查结果的同时，你还可以从病生理学的角度思考异常表现所涉及的机体系统，即逐一思考机体系统的生理学功能，并考虑这些功能会如何影响动物的临床表现。例如，原发性肌肉疾病显然不太可能使动物表现持续性无力的同时阵发性地丧失神智（参见第七章，“倒地”部分）。

如果动物表现非对称性的神经损伤，则其更有可能罹患原发性结构性中枢神经或神经肌肉系统疾病（表 6.2、表 6.3）。如果此疾患史引起疼痛，则应重点怀疑炎性、感染性、创伤性或肿瘤性疾病。继发的功能性病灶往往无差别地损伤神经肌肉系统，因而会表现为对称性的损伤，而这样的疾病并不会诱发神经肌肉系统的疼痛。

表 6.2 阵发性或运动引发无力的可能病因

分类		鉴别诊断	神经肌肉损伤的对称性	疼痛
继发性（功能性）神经肌肉疾病	心血管/造血性	结构性心血管疾病	对称	–
		心律不齐	对称	–
		贫血	对称	–
		高黏滞综合征	对称	–
		急性出血	对称	–
	呼吸系统	心丝虫疾病	对称	–
		上呼吸道功能障碍（喉部瘫痪、短头气道综合征、气管塌陷）	对称	–
		肺部疾病	对称	–
	代谢	低血糖（如胰岛肿瘤或运动所致）	对称	–
		高血钾（如肾上腺皮质功能减退）	对称	–/+
原发性（结构性）中枢神经或神经肌肉疾病	神经疾病	运动引发的倒地（中枢神经障碍）	对称	–
	神经肌接头病	重症肌无力	对称	–
	肌病	代谢性肌病（线粒体肌病/脂质沉积性肌病）；恶性高热	对称	–

4 确定病灶性质

现在，你已经将病灶定位到了中枢神经或神经肌肉系统，甚至说不定已经锁定了系统中的某个特定部位，是时候确定病灶具体是什么了。下面这些问题或许有助你敲定备选疾病清单，并选择最恰当的检查手段得出最终的诊断结论：

- 哪些疾病会对中枢神经或神经肌肉系统产生直接（原发）或间接（继发）影响？

表 6.3　持续性无力的可能病因

分类		鉴别诊断	神经肌肉损伤的对称性	疼痛
继发性（功能性）神经肌肉疾病	心血管 / 造血性	心血管疾病	对称	–
		心律不齐	对称	–
		贫血	对称	–
		高黏滞综合征	对称	–
	代谢	低血钾（如原发性高醛固酮症）	对称	–
		高血钾（如肾上腺皮质功能减退）	对称	+/–
		低血钙（如原发性甲状旁腺功能减退）	对称	+/–
		高血钙（如原发性甲状旁腺功能亢进，伴癌综合征，维生素 D 中毒	对称	–
		低 / 高血镁	对称	–
		低血糖（如胰岛素瘤 / 猎犬工作犬）	对称	–
		肾上腺皮质功能亢进	对称	+/–
		甲状腺功能减退	对称 / 不对称	–
		内毒素血症（例如败血症、肝性脑病）	对称	–
	肿瘤	伴癌综合征（如胰岛素瘤导致的神经疾病）	对称	–
	营养	维生素 E/ 硒元素缺乏	对称	–
	中毒	铅（神经疾病）	对称	–
		有机磷中毒、蜘蛛咬伤、蜱麻痹症、肉毒杆菌中毒、蛇毒	对称	–

续表 6.3

分类			鉴别诊断	神经肌肉损伤的对称性	疼痛
原发性（结构性）中枢神经或神经肌肉疾病	神经疾病	非炎性	后天性	对称[2]	+/−
			肿瘤（淋巴瘤）	不对称	+/−
			先天性	对称[3]	+/−
			品种特异性肌病（阿拉斯加雪橇犬和兰波格犬）	不对称	+/−
		炎性	感染性	不对称	−
			原虫性	不对称	−
			免疫介导性	不对称	−
			多发神经根神经病	对称 / 不对称	−
			慢性神经炎	不对称	−
	神经肌肉接头疾病		重症肌无力	对称	−
	肌病	非炎性	后天性：劳力性横纹肌溶解症	对称	+
			后天性：肿瘤（如淋巴瘤）	不对称	+/−
			后天性：伴癌综合征	对称	−
			先天性：肌营养不良	不对称	+
			先天性：肌强直	对称	−
			先天性：代谢性肌病	对称	−
			先天性：品种特异性肌病（大丹犬和拉布拉多犬）	对称	−

续表 6.3

分类		鉴别诊断			神经肌肉损伤的对称性	疼痛
原发性（结构性）中枢神经或神经肌肉疾病	肌病	炎性	感染性	原虫性	不对称	+/−
				立克次体	不对称	+/−
			免疫介导性	多发性肌炎	不对称	+/
				皮肌炎	不对称	+/−

- 哪些疾病会造成偏于一侧的（非对称性的）症状，而哪些会造成对称性的症状？
- 哪些疾病病程中可能发生疼痛？
- 疾病的临床经过如何（急性或慢性经过；逐渐好转，稳定持续，发作性还是不断恶化）？
- 除了无力，你是否还发现了其他临床症状，提示存在有可能使中枢神经或神经肌肉系统继发受累的疾患？
  - 心脏疾病相关症状（如心律不齐、脉搏短绌、脉象改变、以及外周血流灌注异常）
  - 上呼吸道疾病相关症状（如喘鸣音、呼吸窘迫及缺氧相关症状）
  - 下呼吸道疾病相关症状（胸腔听诊异常——来自肺部疾病还是胸水？）
  - 内分泌疾病相关症状（如皮肤及被毛变化，体型变化及腹壁松弛）
  - 血液疾病相关症状（如黏膜颜色变化及心脏杂音）
  - 胃肠道疾病相关症状（如呕吐或返流——参见第二章）
  - 体温升高或是发热？

另外，无力的具体特征也可用来筛选潜在的诊断可能。正如之前我们在“确定异常表现”部分所讨论的，无力既可能是阵发性的，也可能是持续性的，而运动则可能引起无力发作，或者加重阵发性的无力症状，使之看上去像是一种持续性的表现。

猫的无力

与犬截然不同，猫一般不会表现出阵发性无力——它们通常会“自行调节”自己的行动，因而能够引起注意的常常是持续性无力的情况，表现为在诸如诊室这样陌生高压的环境下仍旧头颈低垂，躺卧在地并把头枕在爪子上（看上去极其放松的样子）。猫没有项韧带，因而患有神经肌肉疾病的猫常表现头颈低垂的症状。另外，无力病猫在走动和休憩时也可能耸起肩胛（表现为肩胛突出）。

阵发性无力

清醒状态下的阵发性无力常见于：

- 继发性神经肌肉系统功能障碍，继发于：
  - 心血管疾病
  - 代谢失调
- 能量缺乏
- 电解质失衡
- 原发性神经肌肉系统结构异常
  - 神经肌肉接头疾病
    - 重症肌无力
  - 肌肉疾病

阵发性无力的具体病因举例参见表 7.1。

持续性无力

持续性无力常见于：

- 继发性神经肌肉系统功能障碍，继发于：
  - 钙、磷平衡失调
  - 内毒素血症
- 原发性神经肌肉结构损伤
  - 原发性外周神经疾病
  - 神经肌肉接头疾病
  - 原发性肌肉疾病

运动后症状加重的持续性无力常见于：

- 继发性神经肌肉系统功能障碍，继发于：
  - 心血管系统疾病
  - 代谢病
- 原发性神经肌肉系统结构损伤

- ○ 外周神经疾病
- ○ 神经肌肉接头疾病
- ○ 肌肉疾病

引发持续性无力的疾病示例参见表 6.3。

你的诊断方向应同时取决于无力病患伴发的其他临床症状。

诊断思路

你的具体诊断途经将取决于你解决问题的方式。大部分针对继发性神经肌肉系统疾病的诊断手段都可以在初诊诊所中完成，包括详细病史、全面体格检查及神经学体检、验血验尿、测定血压、眼底检查（寻找血管曲张、出血等高血压征象），以及初诊诊所常备的影像检查项目如 X 光和超声扫查。

可用的诊断项目可以分为以下几类：

A. 临床病理学检查

B. 使用影像学方法或病理学技术检查结构损伤

C. 功能性检查（主要是电诊断学方法）

临床病理学检查

血液学、血清生物化学及尿检

血常规、血清生化及尿常规检查在诊断广泛性、对称性、疑似继发于其他系统疾病的神经肌肉系统疾患中扮演了重要的角色。但进行这些项目的前提是，你得通过细致的问诊和体格检查这两大利器发现存在其他系统病变的迹象，以及继发性神经肌肉系统疾病的可能来源（如影响神经肌肉系统的高钾血症也会导致胃肠道症状，而高钙血症则可能同时引起癫痫发作，参见第七章）。采血的时机也很关键，例如怀疑有低血糖症时应采空腹血样测定血糖（有条件应采多份血样，因为机体中胰岛素的水平会随时间变化，而血糖水平也会受其他调节机制影响，如应激反应和糖皮质激素等）。有时候，只做血常规也可有助于查明潜在的炎性或非炎性疾患。

判读血清肌酸激酶水平

血清肌酸激酶（CK）是相对特异的肌肉损伤指标，因而常用来检查犬猫肌肉疾病。但 CK 不只反映骨骼肌疾病，还可能体现心肌损伤。另外，癫痫发作也可能藉由肌肉损伤而导致 CK 水平升高，而即便是极轻微的肌肉损伤，如倒卧或者肌肉注射，也会使 CK 水平相应升高。因此需尤其注意不要过度解读 CK 轻至中度升高（血清水平 <1 000 U/L）的现象。即使 CK 水平高于 1 000 U/L，也不必然意味着原发性肌肉疾病，仍应考虑是否存在继发性的肌肉损伤。另外需要注意的重要一点是，血清中的 CK 水平在损伤发生后几个小时才会表现升高，因而不会受采血时动物不合作、保定困难的影响。只有当血清 CK 浓度升高至数千或数万单位时，才应用来作为动物发生严重肌病（如肌炎和肌营养不良）的切实证据。还有一点值得强调，不是每个患有严重肌病的动物都会表现 CK 水平显著升高，因此应同时考虑 ALT 及 AST 的表现，这两种酶的血清水平在严重原发性肌肉疾病中也可能升高。

血清学检查

相较于其他神经肌肉系统疾病，免疫介导的神经肌肉接头障碍（即重症肌无力）在犬相对常见，因而在面对表现运动诱发阵发性全身无力伴返流、巨食道症或咽功能紊乱的犬时，应首先排除此病。在对此病的诊断上，自体抗突触后乙酰胆碱受体（AChR）抗体含量测定有较高的特异度和敏感度。另外，如怀疑动物患有肌炎或神经炎，应进行血清学检查以排除最常见的几种感染性疾病——犬新孢子虫病和刚地弓形虫病。确诊弓形虫病需检测抗弓形虫 IgG 及 IgM 两项，以便区分以往的暴露史及急性感染。

内分泌功能检查

很多内分泌疾病，不论医源性或自发性，都会引发与神经肌肉系统相关的无力症状（如甲状腺功能减退、肾上腺皮质功能亢进、肾上腺皮质功能减退以及医源性的类固醇性肌病），因而有必要考虑内分泌功能检查。

脑脊液检查

怀疑动物患有原发性神经系统疾病，尤其是脑膜或神经根疾病时，可以用脑脊液（CSF）检查辅助诊断。脑脊液检查敏感性较高，但常常不够特异，因此需要结合动物的具体临床表现来对结果进行判读。当你考虑感染性或炎性疾病的可能性时，脑脊液检查可以帮你进行排除。应注意脑脊液中细胞降解速度很快，故需在取样后马上（通常在半小时内）进行检测。现在也有一些技术可以延长样本保留时间，但不同检测机构条件不同，因此最好在采样前就具体操作要求咨询相关机构。

基因检测

不少原发性中枢神经系统和神经肌肉系统疾病源自遗传异常，现在市面上已经有越来越多成套的检测方法来测定这些异常。大多数检测是针对品种特异性的疾病，常见检测项目举例如下：

- 阿拉斯加犬多发性神经病
- 灵缇神经疾病
- 拉布拉多犬及大丹犬遗传性肌病
- 犬猫特异性糖原贮积病
- 西班牙水犬先天性甲状腺功能减退
- 运动诱发猝倒
- 英国史宾格犬岩藻糖苷症
- 伯曼猫家族型阵发性低血钾多发性肌病

检查结构损伤

影像学诊断

X线平片检查是一种常见而且比较经济的诊断手段，可以用来快速筛查较明显的骨骼异常以及一部分软组织病变。X线可用于检出胸腔解剖结构的变化，如心脏肥大及其他形态改变、肺纹理变化、癌症转移灶、纵膈肿物（如胸腺瘤）或巨食道症。

计算机断层扫描（CT）比X线平片的空间分辨率更高，但大多数诊所并不具备条件进行此项检查。而核磁共振（MRI）则可精确显示出肌肉（如肌炎）及外周神经病变（如神经髓鞘肿瘤）。另一方面，虽然可以通过B超扫查有限的几条大型外周神经如坐骨神经、股神经及臂神经丛，但其精度较低，使用价值极其有限。

活组织检查

如果采样送检方式得当，外周神经或肌肉的全层活组织样本将有助于检查出可能的病变。使用组织病理学或免疫组织化学方法处理组织样本可以用于诊断多种原发性结构性病变，如鉴别炎症性/感染性灶和肿瘤。另外，丧失神经支配、内分泌疾病、特定的代谢疾病如低钾血症、线粒体肌病、肿瘤、炎性/感染性疾病（肌炎和神经炎）、贮存障碍或肌营养不良也可通过上述组织学方法进行鉴别。肌肉活检一般在全科诊所就可以操作取样，而外周神经活检难度则较大。有些病例可以用电生理诊断检测手段在取样前对特定神经或肌肉进行辅助定位。

功能检查

电生理检查

神经系统通过产生并传递电信号相联系。临床上既可以直接测定这一过程中产生的电势（自发活动），也可以通过施加电刺激制造电势以检查神经通路的完整性（诱发电势）。自主肌肉运动异常可能由肌肉本身的原发性疾病（如肌炎和肌营养不良）或肌肉失神经所致。这时可用肌电图来定位疾病波及的特定肌肉，而诱发电势则用来刺激神经（神经传导检查）以定位病灶涉及的特定神经区段或神经肌肉接头，并协助判断轴突和/或髓鞘损伤。

系统功能的药物测试

短效抗胆碱酯酶药物依酚氯胺（腾喜龙）可用来对疑似重症肌无力的犬、猫进行测试。应注意这项测试可能引发胆碱能危象，出现流涎、干呕、呕吐和腹泻，因而只应在可控场所和密切观察下进行，并提前备好阿托品及相应给药途径以备不测。其他神经肌肉疾患导致的无力也可能因给予依酚氯胺而表现好转，使测试出现假阳性结果，因而重症肌无力诊断的金标准仍应是检出抗 AChRs 的自体抗体。但这项测试非常有助于预判未来长效药物如吡啶斯的明的治疗效果。

运动测试

运动和兴奋可能诱发并加重神经肌肉的无力症状。可分别测定休憩时及运动后的血乳酸值（及丙酮酸盐水平），CK 水平，心肺功能指标（黏膜、脉搏、脉象及血氧水平）和体温以便察觉轻微变化。其中乳酸和丙酮酸盐水平的变化可提示线粒体病。

本章总结

无力或倒地病例可以轻易将兽医拖入诊断困境。但理解其中的病生理规律后你也可以找到一条清晰的诊断思路，并免于记忆冗长的鉴别诊断清单。将注意力集中到关键的几个问题上——出现问题的是中枢或外周神经系统的哪一区域，疾病来自原发结构性的病变，还是继发功能性受累于其他病因？沿着这个思路步步深入，你将得以理性而便捷地获得经过提炼的有限几种可能的解释，并在此基础上进行进一步诊断。

第七章　癔症、倒地和各种奇特的发作现象

Holger A. Volk
皇家兽医学院，临床科学与服务系，伦敦，英国

简介

即使对有一定经验的兽医来说，诊断间歇性发作或“发癔症”的病例也是个颇具挑战性的活计。首先，来就诊时动物往往表现得一切正常，其次，兽医对发作类别的判断依赖于目击者的描述，最后，这种发作过程大多无法预测，无法控制，于是动物主人的观察很有可能被当时的情绪左右而出现极大偏差。但即便如此，在开始具体检查之前，还是应该了解完整详细的病史。如今，很多主人还会把发作过程拍摄下来，大大地方便了兽医了解发作当时的表现。

昏厥、猝睡 / 猝倒、疼痛、强迫行为障碍、前庭发作、某些特定的运动障碍、神经肌肉性无力以及癫痫，都是可出现阵发性发作的疾患，这些病在临床表现上也有不少相似之处。在两次发作之间，有些动物可能一切正常，也有些动物则会出现发作间期障碍，你可以依据这一特征进行诊断，并判断异常表现所涉及的系统和病灶大致位置。有些动物甚至在来就诊时就处于“奇特的”发作过程中，比如前庭功能障碍或持续惊厥（即癫痫持续状态——持续时长大于 5 分钟；或癫痫群集性发作——每日发作超过两次）。

1 界定异常表现

发作性的异常表现可涉及姿态、肌张力、动作失控及行为改变

等多个方面。除了辨识异常表现本身，还需留意发作前、后动物可能出现的诱因或征象（表 7.1）。有待鉴别的常见发作性表现有昏厥、猝睡 / 猝倒、行为障碍、前庭发作、运动障碍、神经肌肉性无力以及癫痫。

昏厥

昏厥发作的特点是：突发、时间短、瞬间失去意识和姿势张力。发作期间动物瘫软无力，但可能会先发生短暂而突然的肌阵挛性僵直，然后才倒地。这一表现尤其多见于三度房室传导阻滞患猫，易与局灶性癫痫发作相混淆。但与癫痫不同的是，绝大多数昏厥的动物不表现任何发作前或发作后症状；昏厥发作较常由运动或活动诱发而较少发生在静息时，并且很快便恢复如常；一天中昏厥可发生多次，发作间期可能很短，抗癫痫药物也无效。事实上抗癫痫药抑制心肺功能，因此反而可能加重昏厥发作。

猝睡症

猝睡症是一种比较少见的睡眠觉醒周期障碍。发作时动物常常猝然睡倒，易被误认为昏厥或惊厥。此猝倒发作常由食物、兴奋、应激或药物（如毒扁豆碱）诱发。触发发作之后动物即直接瘫倒。猝睡症动物往往长时间感到疲劳，但这并不一定能让它们睡更久。因为睡眠模式紊乱，它们往往夜间折腾不休，而白天却无精打采。此病常见家族病史或同胞动物患病的现象。

阵发性行为改变

间歇发作的疼痛可能影响动物的行为，而出现类似于局灶性癫痫的发作现象。此类表现包括神经根损伤或椎间盘侧方突出 / 脱出造成疼痛而致的“冻结”步态、肌阵挛性僵直、肌肉痉挛或肌肉震颤等。行为异常如间歇性的攻击性或强迫行为改变（刻板行为，如持续有节奏地踱步、舔舐或嚎叫）在外在表现上也易与感觉性癫痫发作相混

表 7.1　阵发性疾病的临床特征

鉴别项目	昏厥	猝睡 / 猝倒	神经肌肉性无力	阵发性行为改变（强迫性障碍）	前庭发作	阵发性运动障碍	特发性头部震颤	癫痫
发作间表现	—	睡眠 / 觉醒周期改变	—/ 无力	—	—	—	—	—（自发性癫痫发作）/ 畸形（结构性癫痫发作，反应性癫痫发作）
诱发因素 / 事件	运动、兴奋	运动、食物、药物作用	运动、兴奋	行为性诱因（如恐惧）	—	—/ 动作或运动	—	—/ 闪烁的灯光
发作前变化	—	—	—	—	—	—	—	发作前行为改变：前驱症状（持续几小时到几天）和 / 或先兆（持续几分钟） ——例如凝视、发冷、寻求注意、恐惧
发作特征	突然而短暂地倒地并恢复	突然倒地	僵硬，倒地前出现高跷步	行为改变如走动、吠叫、舔舐、追逐、出现假想目标、咀嚼物体	头偏斜、眼球震颤、倒地 / 向头偏斜方向歪倒	肌张力障碍、舞蹈症、投掷症、震颤、倒地	头部纵向 / 横向震颤	取决于病灶位置，局部性或全身性的强直 – 阵挛发作最为常见

续表 7.1

鉴别项目	昏厥	猝睡 / 猝倒	神经肌肉性无力	阵发性行为改变（强迫性障碍）	前庭发作	阵发性运动障碍	特发性头部震颤	癫痫
清醒程度	无意识	熟睡	无变化	无变化	—/ 受损（混乱）	无变化	无变化	受损 / 无意识
自主神经系统症状	可能出现心率 / 心律改变	—	—	—	—	—	—	流涎，排便，排尿
肌张力	弛缓	弛缓	无变化至弛缓	无变化	单侧伸肌张力减弱	肌张力增强	无变化	强直（张力增强）/ 强直、阵挛交替发作（抽搐）
偏侧性	—	—	—	—	有	可能有	—	不对称癫痫（结构性癫痫发作）
持续时长	数秒	数秒至数分钟	数分钟至数小时	数分钟至数小时	数秒至数小时	数分钟	数分钟至数小时	数秒至数分钟 / 癫痫持续发作（>10 分钟）
发作后变化	—	—	—	—	—	表现疲倦	—	行为改变，失明，步态异常
其他补充	—	—	—	—	可能持续表现轻微前庭症状	—	受到干扰后发作可能中止	常涉及头部 / 脸部肌肉

淆。此类发作的犬猫在发作间期通常一切正常。而其中发生强迫行为改变的动物发作时，并不发生肌张力或意识清醒程度的变化，而且常常可以识别出某种行为上的诱发因素。

前庭发作

瞬发性前庭阵发症非常罕见，其主要特征与非间歇性的前庭疾病相同，都表现头偏斜、眼球震颤和共济失调。癫痫也可能导致眼球震颤及步态异常，但极少导致头偏斜。动物前庭发作时通常意识清醒，发作前、后表现正常，对常规抗癫痫药无响应。

阵发性运动障碍

近十年来，随着对阵发性运动障碍的了解更加深入，兽医辨识这类疾患的能力也大大提高。大部分情况下，兴奋或应激会诱发运动障碍或加重已有病情。这种表现通常和动作有关，极少发生在静息时或睡眠中，呈阵发性发作，发作时肌张力升高（肌张力障碍），但动物保持清醒。部分运动障碍病例过去曾被当作癫痫治疗，但抗癫痫药物疗效并不理想。另外犬猫的这类疾病在表现上其实与人类的阵发性运动障碍更相似，因此我们最终将其归在运动障碍中。目前已有部分运动障碍疾病找到了对应的遗传特征。

犬癫痫发作样痉挛综合征

边境㹴的犬癫痫发作样痉挛综合征（又称斯派克氏症）是上述找到遗传特征的疾病之一。这些疾病曾被当作局灶性癫痫进行诊治，但现在我们认为它们属于阵发性运动障碍的一个亚类——阵发性张力障碍性舞蹈手足徐动症。阵发性运动障碍可分别按照临床表现、发作时长及诱发因素进行分类。最后一种分类方法将其分为阵发性运动源性运动障碍（疾病在做出突发自主动作之后猝然发作）、阵发性非运动源性运动障碍（疾病不需运动诱发，可自行发作）、阵发性过度运动性运动障碍（发作由运动过量诱发）以及阵发性睡眠诱发性运动障碍

（非自主动作只在睡眠中发作）。

阵发性运动障碍较难与癫痫发作相区分。虽然阵发性运动障碍不会出现癫痫全身性发作常见的继发性的广泛运动活动，但通常动物躯体双侧的肌张力都会增强（如躯体伸展伴双肢或四肢肌张力增强）。不过与波及双侧脑半球而致双侧症状的癫痫不同，阵发性运动障碍不会影响动物的意识。

患有犬癫痫发作样痉挛综合征的边境㹴一般会出现阵发性轻度震颤、肌张力障碍，以及行走困难。

奇努克犬阵发性运动失调

奇努克犬也会发生与上文类似的疾病。奇努克犬阵发性运动失调发作的特点是肌张力障碍（如：非自主性肌肉收缩致动物姿态扭曲或不断重复某一动作）、舞蹈症（如某一肢或某几肢的快速、非自主、非刻板、无目的性或半目的性的动作）以及投掷症（如某一肢或几肢的快速、猛烈、非自主、非刻板的动作）。不过患犬并不会出现手足徐动症状（某一肢或几肢缓慢、非自主、非刻板、无目的的动作），也无排便、排尿、流涎等自主神经症状。患犬单次发作时长从数分钟至数小时不等。突发动作不会诱发发作，动物在发作前后也表现正常。不过在发作后，患犬可能比较疲惫，但这更可能来自发作时长时间的大量肌肉动作。

阵发性跌倒

查理士王小猎犬的阵发性跌倒属于阵发性过度运动性运动障碍，通常由应激、兴奋或运动诱发或加重。发病的特点是四肢肌张力增强（肌高张）。患犬无法放松四肢肌肉，于是呈现一种蹑手蹑脚的步态（猎鹿样步），脊背拱起，头部低垂，直至患犬最终跌倒。发作后犬表现正常，整个发作期间精神状态也都正常，无自主神经症状。单次发作可持续数秒至数分钟。

特发性头部震颤

运动障碍有时可能只累及某一身体部位。如在杜宾犬、斗牛犬或拳师犬的特发性头部震颤（摆头病）中，仅头部以约 5 次 / 秒的频率发生横向或纵向震颤。发作可持续数秒至数小时，一天可发作多次，可因头部处于特定位置而诱发或因兴奋或应激而加重。如用食物等吸引注意力，则震颤可能停止或减弱。本病发病时无自主神经症状，动物精神状态正常。

小结

诊断运动障碍的一条经验是：如果你接诊的病患是纯种犬，出现阵发性发作，无自主神经症状，发作后即恢复正常，看着不像强直阵挛性癫痫全身性发作，虽然表现双侧肌肉动作异常但发作全程精神状态正常，以及 / 或者不响应常规抗癫痫治疗，那么你便应该查询相应的在线数据库，考虑此品种是否存在特有的运动障碍。

简单说，阵发性运动障碍通常不会出现下面这些表现：

- 可辨识的诱发事件如先兆症状（在运动性癫痫发作前持续数分钟的感觉性癫痫活动，如行为改变——博取关注、嗅闻或观星样姿态等）
- 自主神经症状（如：流涎、排尿、排便）
- 全身广泛性运动增加（如：强直性或强直阵挛性癫痫全身性发作）
- 神志不清或失去意识。发作时神志不清的动物常无法与主人对视，可就此询问主人以判断动物发作时的意识状态。动物神志不清时也通常不会回应主人的呼唤，但主人对发病时的描述常不全面，因而较少反映这一现象

癫痫发作

大脑的结构虽然复杂，但出现功能障碍时的表现方式却颇单一。

癫痫发作是前脑功能障碍的一种临床症状，而不是一种特定的疾病。太多结构和功能上的病因可导致癫痫发作（参见本章稍后有关病灶性质的段落）。癫痫依脑部痫性病变产生和扩散的区域不同有很多种表现形式。例如癫痫可能只影响了感觉皮质的某一区域使动物仅出现行为上的变化（观星动作、冻结步态、四处嗅闻等）；或者可能只影响运动皮质的一部分，于是动物只是口面部出现自动症。脑中“致症灶”（导致可见临床症状的区域）和致痫灶（真正导致癫痫发作的区域）往往相重叠或相隔不远，因此可以推断癫痫大致发自何处。癫痫症状学即利用癫痫发作中临床症状对应的脑功能障碍，确诊癫痫并反推定位致痫病灶的一种学问。症状学的理论较简明易懂，而且临床上使用起来也比较经济。依据癫痫所波及的脑中区域，可鉴别运动神经（包括行为变化）、感觉神经或植物性神经异常及自动症，并最终帮助我们把握癫痫发作的特征。

这个是癫痫吗？

简言之：

- 就像最广为人知的癫痫类型——强直阵挛性癫痫全身性发作那样，癫痫发作普遍更经常表现肌张力增强而非减弱的症状。更常见的表现是：动物先出现僵直（强直期），本体感觉消失而侧身倒卧，接着进入强直阵挛期（节奏性的肌肉交替收缩），然后通常会出现奔跑动作（自动期）。弛缓性癫痫极其罕见，因此面对瘫倒不动的动物，更应转而考虑昏厥或猝倒症的可能
- 节奏性肌肉交替收缩在局灶性和广泛性的癫痫发作中都很常见
- 癫痫发作常始自头面部肌肉（如表现眼部或面部抽搐）
- 常规发现——大多数动物只会出现一两种类型的癫痫发作（全身性发作、仅局灶性发作、或局灶性发病继发全身性发作）；同一动物的各次癫痫发作通常都起自同一致痫灶并沿同

样的通路波及脑部其他区域

- 发作（仅癫痫本身）常只持续 1~2 分钟
- 大多数癫痫发作过程包括下面这几个阶段：
  - 发作前行为变化（数小时至数天的前驱症状和 / 或数分钟的先兆症状）
  - 癫痫发作
  - 发作后行为或神经障碍（持续数小时至数天）

除了癫痫发作本身之外，动物主人能够察觉的往往是发作后障碍。

- 常见的发作后障碍有：
  - 行为变化，如恐惧、攻击性和定向障碍
  - 食欲大增
  - 强迫踱步
  - 失明，通常是持续性的中枢性失明，而瞳孔光反射正常
  - 恫吓反射消失
  - 脑部病灶对侧眼出现缩瞳现象（只存在单一病灶的情况下。此现象来自病灶对动眼神经核的去抑制作用）
  - 步态异常，特别是共济失调及“清醒的”本体感受障碍（爪掌放置检查）
- 癫痫经常（但不总是）发生在静息或睡眠时
- 癫痫发作时动物通常意识不清
- 抗癫痫疗法对大部分癫痫疾病有一定的缓解效果，或至少在起病初期有效

2 判断所涉及的系统

诊断发作性疾病的关键是正确判断动物的异常表现究竟是什么，因为不同的异常主要涉及的系统也不相同。如果动物的主要异常是癫痫发作，或是前庭发作、猝倒发作、阵发性行为障碍或运动障碍，那么诊断检查就应该主要集中于中枢神经系统。中枢神经系统在发作性疾病中可能直接受损，也可能间接受累。另外，除经中枢途径影响行

为外，癫痫和运动障碍也可能提示外周神经系统的损伤，但此系统在我们临床推理思路中的优先级应排在中枢神经系统之下。前庭疾病既可能是中枢性的，也可能是外周性的，我们会在后面的段落简单地讨论一下其致病机理。前文提到的其他异常表现（昏厥和神经肌肉性无力）同样涉及外周神经系统。有关这些异常表现所涉及的其他机体系统以及如何在推理中对它们进行排序的讨论详见第六章。

3 判断病灶位置

确定病情涉及外周还是中枢神经系统后，你便可借助神经学检查来具体确定病灶的神经解剖学位置。虽然近年来影像学技术已经有了大幅进步，但对发作性疾病来说神经学检查仍是打开宝箱，找到探寻潜在病因最适诊断手段的金钥匙。尤其是癫痫的诊断，借助神经学检查我们可以判断致痫灶位于外周（颅外）还是中枢（颅内），从而找到获得诊断结论的最佳诊断途径。

前庭发作

要想理解定位的重要性并正确定位前庭病灶，你需要对前庭系统的功能有一定的了解。前庭系统的主要功能是使动物在动作时保持平衡，并借助重力进行定向。整个前庭系统可以分为两大部分：外周（“轴外”系统，相对于脑干和小脑而言属于外周结构）和中枢（“轴内”系统，脑干内的结构）。前庭系统的感受器位于内耳（颞骨岩部），感受器收集到的信号通过第Ⅷ对颅神经（位听神经）传入小脑腹侧脑干内的前庭神经核，然后部分神经纤维继续前进，通入小脑中。外周前庭系统可感受头部的线性加速和旋转动作。

前庭系统使眼、颈部、躯干及四肢相对头部姿态保持在相应恰当的位置。前庭神经核与涉及眼球位置动作的神经核均有联系，另外与小脑、大脑、脑干其他中枢（如呕吐中枢，详见第二章）及脊髓也均有神经通路相连。

前庭系统是个单侧系统，也就是说左侧的前庭系统控制动物左半边的姿态，而右侧则控制右半边。前庭神经核发出的主要是对伸肌有易化作用的神经通路。但同时也发出一些抑制对侧伸肌及同侧屈肌的神经纤维。一旦了解了这一点，也就好理解为何前庭疾病病患会出现头向患侧偏斜，患侧肢伸肌张力减弱的症状，“就好像动物在绕圈跑一样”。跳动型眼球震颤来自前庭神经核与动眼神经核间神经通路的损伤，其慢相是指向患侧的运动，而快相则为代偿性恢复注视位的运动。视觉和本体感觉可以一定程度地代偿前庭系统障碍。于是当脑部其他功能补足了前庭系统的感觉缺损时，症状可能逐渐好转。但如果蒙住动物双眼使其无法利用视觉代偿，便可随即观察到症状再次加重。

前庭系统功能障碍的临床症状包括下面这些：

- 失去平衡
- 头偏斜
- 身体靠向某一侧
- 身体滚倒
- 绕圈
- 跳动型眼球震颤
- 体位性斜视
- 根据前庭疾病的类型不同（中枢性或“外周”性），还可能出现其他颅神经障碍、霍纳氏征、小脑症状、精神沉郁及伴有姿势反应缺损的轻偏瘫等症状。

中枢性和“外周性”前庭疾病可通过总结表现出的临床症状来加以区分，接着你便可以根据这一分类将后续诊断检查集中于颅内或颅外疾病上（图 7.1）。

比如说，如果动物表现脑干功能障碍及前庭症状，则应考虑中枢性前庭疾病；而如果动物表现姿势反应缺损，并出现向缺损对侧的头偏斜症状，则应考虑“异相”前庭疾病（提示小脑或小脑延髓脑桥角病灶）；如果你未在动物身上观察到任何涉及脑干的症状，则应考虑“外周性”前庭疾病（如同时还存在面神经损伤和/或霍纳氏征，则

临床症状	中枢前庭疾病	异相前庭疾病	外周前庭疾病
轻瘫	可能有	可能有	无
本体感受损伤	与头偏斜同侧	与头偏斜异侧	无
意识	受损	受损	可能出现警觉，方向不清
颅神经损伤	从第Ⅴ至第Ⅻ的多对颅神经可能受影响	其他颅神经可能受影响	只有第Ⅶ对（面神经）受影响
霍纳氏征	无	无	可能有
水平/旋转型眼球震颤	有	有	有
垂直眼球震颤	有	有	无
其他症状	有	小脑症状	无

图 7.1　综合考虑临床症状可判断受损部位

考虑鼓泡疾病）。

前庭疾病的头偏斜方向通常朝向患侧，除非动物病灶在小脑绒球小结叶或小脑延髓脑桥角而导致背向患侧的异相头偏斜症状。这类异相前庭疾病的病灶包括小脑向前庭神经核的投射神经元。由于小脑主要起抑制性的作用，损伤侧神经便发生过度兴奋，造成本侧伸肌张力过高，使动物向对侧倾倒。这类异相情况可以通过检测本体感受来判断，在真正的患侧进行爪掌放置检查会发现纠正反应减弱或消失。

有时候动物发生的前庭疾病波及双侧，这时可见的典型症状是头部的大幅度摆动（“歌手史蒂夫·旺达式的摆头”）和对称性共济失调。患病动物不发生头偏斜，但也不一定会表现“通常的”生理性眼震。双侧性前庭疾病的病灶位置多在外周系统，但甲硝唑中毒和维生素 B_1 缺乏症则会导致双侧性中枢前庭疾病。

猝睡症、阵发性行为改变及阵发性运动障碍

定位具体病灶之前，最重要的一步就是准确辨识具体是何种异常表现。猝睡症、阵发性行为改变及阵发性运动障碍来自颅外或颅内病因导致的脑部功能障碍。如果你在进行神经学检查时发现偏侧性症状（非对称性神经障碍）或头颈疼痛，则动物发生颅内结构性损伤的可能性较大（稍后段落将进行具体讨论）。

癫痫

癫痫＝前脑功能障碍，因此你的神经学检查应重点评估前脑功能。但也不要忽略其他检查项目，因为多发性或广泛性神经疾病的迹象可能会推翻你的整个临床推理思路。

癫痫发作可能是脑部结构性疾病初期的唯一症状，尤其是像位于“脑中沉默区域”的肿瘤这类疾病（沉默区域是指神经学检查无法检测的脑区，如额叶和嗅叶）。不过，神经学检查通常可以检出以下这些提示颅内结构性前脑疾病的功能障碍：

- 精神状态改变（质量改变——行为变化，如强迫踱步、用头抵住物件、提示反应迟钝的扭头动作和头部位置变化）
- 病灶和/或半轻瘫侧的对侧发生姿势反应障碍（如对爪掌位置检查的反应减弱或消失）
- 病灶对侧视觉受损
- 病灶对侧眼惆吓反射减弱或消失，但瞳孔光反射正常
- 病灶对侧的面部感觉和对鼻中隔刺激的反应均减弱
- 补充：
    - 有些动物表现的神经障碍可能不具偏侧性，双侧程度相仿
    - 局灶发作性非对称性癫痫（对身体某一侧影响更大的一类癫痫）提示脑部结构性病灶在癫痫发作侧的对侧（如左侧面部抽搐提示右侧前脑病变）

继发于颅外病因的犬猫癫痫发作可能与颅内性癫痫表现相似的神

经功能障碍，但通常为对称性呈现，而且症状可能时好时坏。颅外及颅内功能性病因导致的癫痫发作，除凭借癫痫可推断前脑病变外，在发作间期常不能检查出异常，而发作后则会出现持续数小时至数日不等的发作后障碍。因此一旦观察到此类病患在某一次癫痫发作后出现神经障碍，则应抓紧时机再次进行神经学检查。

4 确定病灶性质

前庭发作

中枢和外周性前庭疾病的诊断方法有很大不同。依据发生及发展模式，可将疾病归为急性非渐进性、急性渐进性及慢性渐进性 3 种（表 7.2 和表 7.3）。另外，从病理生理学角度看，可能导致疼痛的疾患限于炎性、感染性和肿瘤性几类。为判断动物是否疼痛，除针对颈部疼痛的各项检查及触诊头骨各处及耳周外，还可以使动物张嘴，观察过程中是否有疼痛反应。

表 7.2 外周性前庭疾病的可能病因鉴别

病因性质	急性非渐进性疾病	急性渐进性疾病	慢性渐进性疾病
退行性			先天性前庭综合征（常失聪）
代谢性		甲状腺功能减退（糖尿病；间接）	甲状腺功能减退
肿瘤		转移灶	软组织肿瘤，神经鞘肿瘤
炎性 / 感染性		中耳炎 / 内耳炎（细菌性 / 真菌性） 原虫性	中耳 / 内耳（细菌性 / 真菌性） 原虫性
特发性	特发性	分泌性中耳炎	分泌性中耳炎
外伤性	骨折		
中毒性		链霉素 庆大霉素	链霉素 庆大霉素
血管性	梗死 出血		

注：伴发疼痛的病灶标为蓝色

表 7.3　中枢性前庭疾病的可能病因鉴别

病因性质	急性非渐进性疾病	急性渐进性疾病	慢性渐进性疾病
畸形性			（脑积水）
退行性			神经退行性疾病 贮积症
代谢性		甲状腺功能减退	甲状腺功能减退
肿瘤		转移性	原发性：脉络丛肿瘤、胶质瘤、脑膜瘤、淋巴瘤
营养性		硫胺素缺乏（通常出现双侧症状）	
炎性 / 感染性		MUA FIP、犬瘟热 原虫性、真菌性	MUA FIP、犬瘟热 原虫性、真菌性
中毒性		铅中毒 六氯酚中毒 甲硝唑中毒	铅中毒 六氯酚中毒 甲硝唑中毒
外伤性	骨折 / 出血		
血管性	梗死 出血		

注：伴随疼痛的病灶标为蓝色

MUA=meningoencephalomyelitis of uknown aetiology 无名脑膜脑脊髓炎

FIP=feline infectious peritonitis 猫传染性腹膜炎

判断病灶性质的一种较简便的方法称为“五指法则”：

- 发病
- 临床病程
- 疼痛
- 偏侧性（非对称性神经障碍）
- 神经解剖学定位

使用“五指法则”有助你排除备选诊断，缩短鉴别诊断清单。例如，一个慢性、渐进性、疼痛性、左侧外周性的前庭病灶更可能是某种炎性、感染性或肿瘤性的中耳 / 内耳疾病。于是，考虑到病灶的解剖位置，虽可对动物颅部进行 X 线倾斜位和张口位投照（特别是对患猫），但检查的重点应是外耳道及鼓膜的耳镜检查（图 7.2）。如果进一步发现了与中耳炎相关的其他证据，则应考虑进行鼓膜切开术，即便这项检查需要全身麻醉。

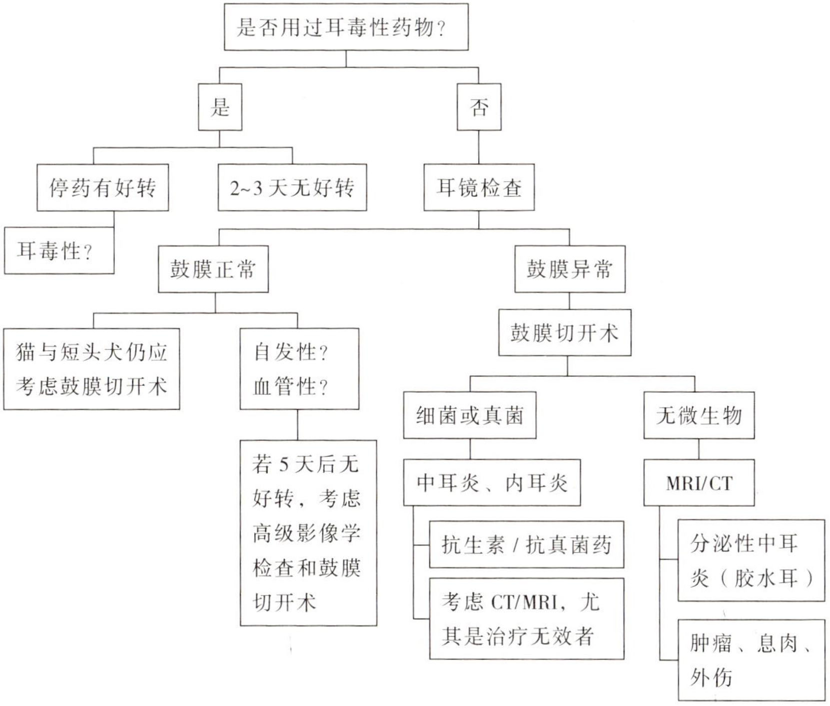

图 7.2　外周前庭疾病的诊断流程

细菌、真菌培养及细胞学检查都需直接从鼓泡内部采样。中耳通过咽鼓管与口腔相通，因此其中存在正常中耳菌群，细胞学检查可以将感染病原与之区分开来。需留意犬猫鼓泡解剖结构不同。两种动物的鼓泡都分为两个部分。在猫，这两部分被一层近乎封闭的膜结构分开，而在犬却完全相通。为加快恢复速度，鼓膜切开术的切口应位于鼓膜腹后侧区域。对于正在使用全身激素治疗，或者有糖尿病等全身性疾病的动物，需考虑愈合延迟的风险。

与外周疾病不同，各中枢性前庭疾病（表 7.3）的鉴别通常需要依靠 MRI 等高级影像学检查手段，这便是为何上一步务必要正确定位病灶。人们常认为定位病灶之所以重要，是因为其所处的具体位置会决定预后，但实际情况是，疾病的具体性质而不是定位，才是影响预后的最重要因素。比如中耳的软组织肉瘤预后通常不良，而小脑梗死所致的反常性前庭疾病预后却较好。常规 X 线检查无法显示的梗死、肿物、炎症等脑实质的结构性病变，在 MRI 中却可以在造影剂的衬托下较容易地观察到。不过炎性 / 感染性中枢前庭疾病仍需采集脑脊液进行分析，才能最终确诊。

短暂脑缺血性前庭发作是前庭发作中，诊断难度较大，易与特发性癫痫的发作表现相混淆的一种。检查通常无法发现任何病变，只能依据发作时出现的各种前庭特异性症状来与癫痫相区分。

猝睡症

发作时的特征是识别猝睡症最主要的依据。如果无法完全确定，则可尝试利用食物、兴奋状态或药物（如毒扁豆碱）诱发猝睡发作。猝睡症可分为家族型（拉布拉多犬和杜宾犬）和散发型两种类型，因此在询问病史时不要忘记问及与患犬同胎出生的其他犬或所在家系中是否也存在患病者。家族型猝睡症由下丘泌素 2 型受体基因缺陷所致，可借助已有的基因检测服务进行诊断。散发型猝睡症的诊断则有赖于颅内检查（MRI 及脑脊液分析）。一些专业实验室可检测脑脊液中的下丘泌素水平，如浓度低于正常则可怀疑散发型猝睡症。如果你感觉动物的发作表现过于奇特，实在无法确定是猝睡症，则还可以进行颅外检查（见后文）排除癫痫等其他疾病。

昏厥

应依据体格检查结果来决定接下来的检查项目。根据临床症状及所涉系统，可考虑表 7.4 中的各诊断候选项。

表 7.4　昏厥的可能病因鉴别

分类	鉴别诊断	诊断方法
心血管性昏厥	左心衰	胸腔 X 光、超声心动图
	阵发性心律不齐	ECG、超声心动图
	心丝虫病	胸腔 X 光、巴尔曼漏斗法、抗原检测
	严重贫血	血液常规（见第九章）
	高黏滞综合症	血液常规、血清生化
呼吸性昏厥	严重上呼吸道疾病	血液常规、内窥镜、X 光 /CT
代谢性昏厥	低血糖	（禁食）血糖值

阵发性行为改变

有时很难鉴别主要影响动物行为的癫痫发作和阵发性行为障碍。如果你不能确定是否为癫痫，则可先按照稍后段落介绍的诊断方法先当作癫痫进行检查。

阵发性运动障碍

目前，兽医对阵发性运动障碍的检测能力还很有限。遗传研究已经（并将持续）加深我们对这类疾病的了解，例如，研究发现查理士王小猎犬的 *BCAN* 基因缺陷可导致阵发性跌倒，目前市面上已有了相应的基因检测服务。因此，当你接诊了疑似运动障碍的动物时，建议你上网搜索相关最新进展以指导诊断。

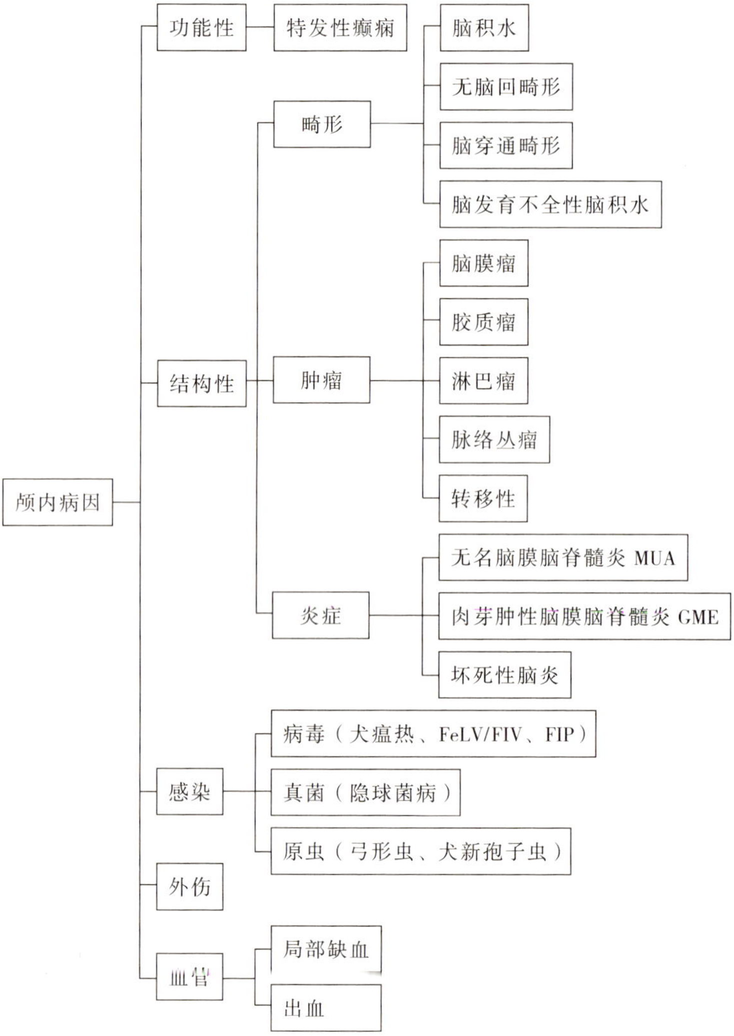
颅内病因
功能性
特发性癫痫
结构性
畸形
脑积水
无脑回畸形
脑穿通畸形
脑发育不全性脑积水
肿瘤
脑膜瘤
胶质瘤
淋巴瘤
脉络丛瘤
转移性
炎症
无名脑膜脑脊髓炎 MUA
肉芽肿性脑膜脑脊髓炎 GME
坏死性脑炎
感染
病毒（犬瘟热、FeLV/FIV、FIP）
真菌（隐球菌病）
原虫（弓形虫、犬新孢子虫）
外伤
血管
局部缺血
出血

图 7.3 癫痫的颅内病因

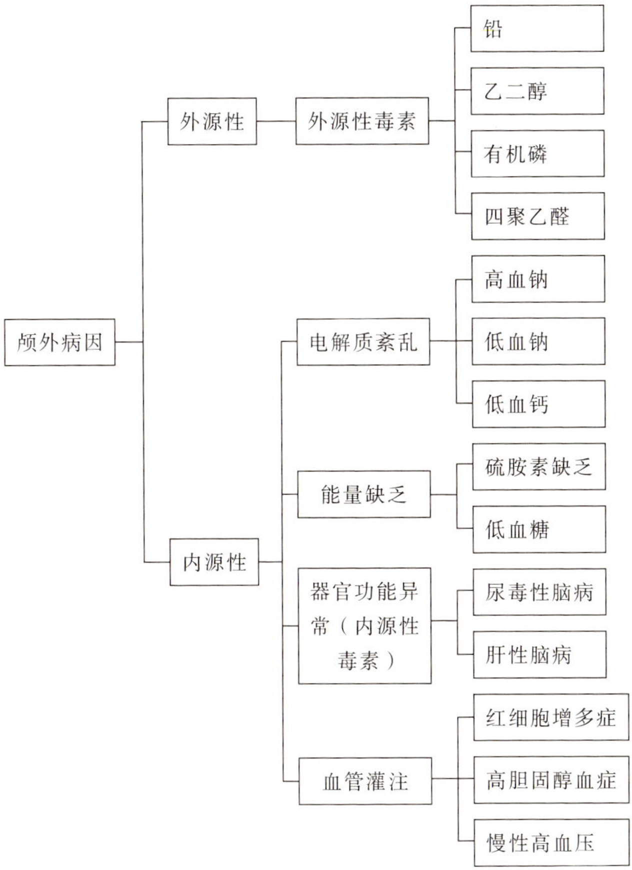

图 7.4 癫痫的颅外病因

癫痫

颅外病因 vs 颅内病因

癫痫发作源于导致脑功能障碍的颅外或颅内病因（图 7.3 至图 7.5 以及表 7.5 和表 7.6）。

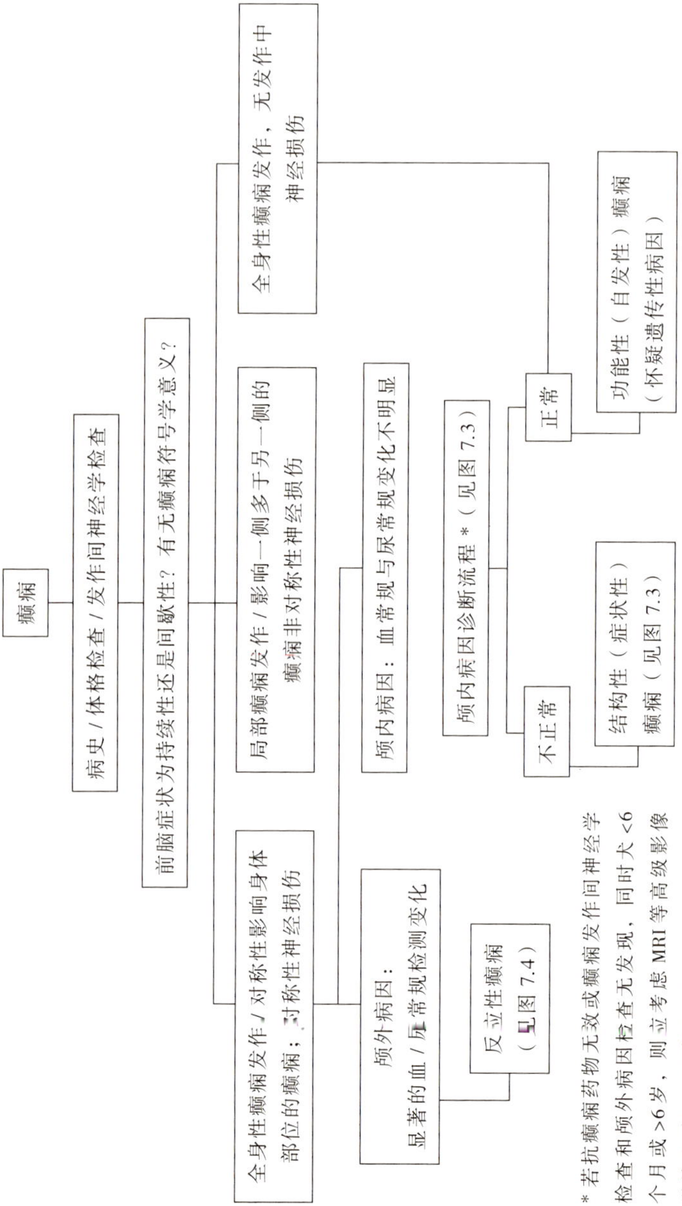

* 若抗癫痫药物无效或癫痫发作间神经学检查和颅外病因检查无发现，同时犬 <6 个月或 >6 岁，则应考虑 MRI 等高级影像学检查手段和脑脊液分析。

图 7.5 有助于定位病灶的诊断流程

表 7.5 可用于犬猫癫痫诊断的检测项目

颅外因素的检测	颅内因素的检测
• 血液学 • 血清生化 • 进食前、后胆汁酸 • 尿中尿酸铵结晶 / 血氨 • 尿常规 • 血压 / 眼底检查 • 血清学 /PCR 检测如弓形虫、犬新孢子虫、犬瘟热、FeLV/FIV、FIP、隐球虫 • 基因特征检测如 Epm2b，LGI2，L_2- 羟基戊二酸尿症，神经元蜡样脂褐素沉积症 • 血清铅浓度	• 高级影像学检查 ○ CT ○ MRI • 脑脊液分析 ○ 细胞学 ○ 蛋白质 ○ PCR（弓形虫、犬新孢子虫、犬瘟热、猫冠状病毒） • 脑电图

颅内病因

颅内病因可进一步分为以下几类：

- 功能性障碍
  - 特发性或原发性癫痫（涉及遗传因素）
  - MRI 扫描或大体病理检查未见脑部结构病变
  - 发作间期神经学检查未发现异常
- 结构性病变
  - 结构性癫痫
  - 存在导致非对称性神经障碍或癫痫发作的脑部大体结构病变。如肿瘤、炎性 / 感染性疾病、脑血管意外或小脑病变
  - 只要动物发作间期表现完全正常，就不能彻底排除颅内病因的可能性
  - 抗癫痫治疗的效果常不理想
  - 过于细小无法造成更严重症状的结构性病灶，或位于前脑中相对“沉默”区域的病灶可能只表现癫痫这一症状而无法用其他手段检查到异常

表 7.6 有助于鉴别诊断的神经学检查结果、癫痫符号学及病患特征

	癫痫中神经学检查			癫痫种类		年龄			
鉴别诊断	正常	对称异常	不对称异常	对称全身性发作	不对称局灶性发作 *	<6 个月	6 个月至 6 岁	>6 岁	品种
退行性		X		X				X	X
局灶性畸形			X		X	X			
脑积水		X		X		X			
代谢性（门脉短路）	（X）	X		X		X	（X）		
肿瘤			X		X		（X）	X	（X）
中线肿瘤（垂体肿瘤）		X		X			（X）	X	（X）
营养性		X		X		X	X	X	
炎性 / 感染性			X		X		X	（X）	（X）
特发性癫痫	X			X			X	X^	X
毒素	（X）	X		X		X	X	X	
外伤			X		X	X	X	X	
血管性			X		X			X	

注：* 局灶性癫痫可能继发于全身性癫痫——本表主要关注癫痫的发作特性

^ 发作较迟

伴随疼痛的病灶标为蓝色

我们已经发现，如果在发作间期的神经学检查中检出非对称性神经障碍，说明动物有更大（25倍）可能性存在颅内脑部结构性病变。而出现对称性神经障碍、群集性癫痫及局灶性（通常非对称）发病的癫痫同样意味着更有可能进一步找到颅内病变。这时如果你再将动物的年龄、品种等特征纳入考量，你便可以实质性地对你的鉴别诊断清单做上一番排除了。神经学检查确实是我们诊断发作性疾病的利器！不过，有时动物表现的部分神经障碍与癫痫并无关联（如慢性腰荐疾病），所以时刻要注意从整体的视角来评估你的病例。

全身性（对称性）的癫痫发作较常见于特发性癫痫、脑积水以及代谢性、中毒性、退行性病因导致的发作。代谢性及中毒性疾病往往广泛而对称地影响机体，因此引发的癫痫发作也通常是全面对称的。至于特发性癫痫，其最大示病特征是：发作间期既无神经障碍，身体检查也完全正常。如果观察到上述特征，动物品种（特别是有癫痫发作的家族史）及最早发病年龄（6个月至6岁）也符合，你便可以认为，此癫痫发作至少95%的可能来自特发性癫痫。

很多犬品种都容易发生癫痫，其中更有不少已经被证实具有发生特发性癫痫的遗传和家族基础。这些品种包括：金毛寻回犬、拉布拉多犬、澳大利亚牧羊犬、德国牧羊犬、比利时牧羊犬（特武伦犬）、伯恩山犬、比格犬、爱尔兰猎狼犬、英式史宾格犬、荷兰毛狮犬、匈牙利维兹拉犬、标准贵宾犬、边境牧羊犬及拉戈托罗马阁挪露犬。目前仅比利时特武伦犬和拉戈托罗马阁挪露犬有相应的基因检测服务。

颅外病因

颅外病因可影响中枢神经系统功能并引起反应性癫痫。一旦对应的代谢性或中毒性病因得到控制，此类癫痫发作便会停止。颅外病因导致的病变可包括如下几类：

- 输送至脑部的营养物质减少
  - 如葡萄糖和硫胺素（维生素 B_1）缺乏
- 血管功能障碍
  - 如高血黏度综合征（高甘油三酯血症或红细胞增多症所

致）及高血压

- 神经细胞内环境紊乱导致功能障碍
  - 如钙离子及钠离子失衡
- 外源性或内源性毒素中毒
  - 如四聚乙醛中毒及门脉短路

结合病史信息及临床查体结果，还可以对病灶做更细致的区分。颅外代谢性病因导致的癫痫发作病患常有以下表现：

- 临床症状时好时坏（通常会影响精神状态）
- 发作与喂食在时间上有联系
- 胃肠道紊乱
- 食欲增加或降低
- 异食
- 过度流涎

除癫痫发作外，颅外病因有可能会引起其他临床症状。通常代谢障碍如高钙血症，及肾上腺皮质功能减退所致的高钾血症最常伴发其他不适症状，例如肠胃紊乱等，但也有仅出现癫痫发作的报道。低血糖症经常只导致癫痫而不发生其他临床症状。而且，比较难证实动物处于低血糖状态，因为当血糖下降至较危险的水平时，机体的平衡机制如肾上腺素及皮质醇便开始起作用，使血糖暂时恢复。因此，如果怀疑代谢性病因导致癫痫发作，需取得空腹血糖值作为参考。

在诊查颅外病因导致的癫痫发作时，务必记得询问主人动物是否有可能接触任何有毒物质。单靠验血只能检出少数几种毒素，而外面提供伴侣动物毒素检测服务和具体指导的专业实验室也只有极少的几家，所以在采集病史时详细、全面地询问就显得至关重要。最常见的致痫毒素是铅、乙二醇、有机磷及四聚乙醛。

针对（代谢性或中毒性）癫痫颅外病因的大部分检查手段基本可以在初诊诊所进行，如详细病史、验血验尿、血压测定、眼底检查寻找高血压征象（观察眼底血管曲张或出血等），以及超声扫查等初诊诊所具备的各种影像学技术（表 7.5）。怀疑颅内病因时，通常需使用各种高级影像学技术（如CT或更理想的MRI检查）及脑脊液分析来辅助鉴别各种病因，但脑积水却往往只依靠经开放的囟门（常见于先天性脑积水病患）进行超声扫查便可诊断，而很多感染性病因也可以利用PCR或血清学检查方法来进行诊断。

有些品种对癫痫相关疾病有遗传易感性，或存在致病基因突变，例如：

- 刚毛腊肠犬、比格犬和巴塞特猎犬的Epm2b突变会导致拉福拉（Lafora）小体贮积病及渐进性肌阵挛性癫痫
- 斯塔福郡斗牛㹴的L_2-羟基戊二酸尿症
- 边境牧羊犬、英格兰雪达犬、澳大利亚牧羊犬、美国斗牛犬、腊肠犬、美国斯塔福㹴及西藏㹴的神经元蜡样蜡脂褐质沉积症
- 拳师犬的神经胶质瘤
- 某些㹴犬品种的未知病因脑膜脑脊髓炎

本章总结

阵发性发作可包括昏厥、猝睡症/猝倒症、疼痛、强迫行为障碍、前庭发作、某些运动障碍、神经肌肉性无力以及癫痫等许多种类，这些异常的临床表现可能极其相似，但依照本章介绍的循序渐进的方法，你不但可以将它们加以区分，最终还可以获得最合理的诊断结论。

第八章　喷嚏、呼吸困难、咳嗽和其他呼吸系统症状

David B. Church
皇家兽医学院，伦敦，英国

本章主要讲解与呼吸道功能失调有关的一系列症状的合理诊断思路。

1 界定异常表现

呼吸道相关的临床症状较易辨识，不易与其他症状相混淆。然而也有一些例外情况。比如动物主人常常误将紧接咳嗽之后发生呃逆现象理解为呕吐（详见第二章），并带宠物来看兽医以解决呕吐问题。

不过，我们通常可以通过确定具体的异常表现来对这些呼吸道症状进行核实。例如，打喷嚏通常与鼻腔分泌物有关——分泌物性状如何？动物表现呼吸困难之余是否也咳嗽，又或者鲜少咳嗽？咳嗽的动物是否同时有呼吸困难的情况？通过思索这些问题，并尝试更加具体地界定主要异常表现，我们便可以建立一套合乎逻辑的诊断思路，以便查明影响呼吸道的疾患所在，进而获得对疾病更加准确的解读，并对已有病况进行有效处置。

2 判断所涉及的系统

当动物呈现出喷嚏、鼻涕、咳嗽、呼吸困难及咳血等异常表现时，我们可以笃定地说："所涉及的系统是呼吸系统。"

影响呼吸系统功能的疾患可能是来自呼吸道本身的原发异常（如鼻腔肿瘤），也可能是受累于其他机体系统中严重功能障碍而发生的原发异常（如左心衰竭引起的肺水肿），还可能是继发于某个并未直

接影响呼吸系统，却因导致机体紊乱而使呼吸系统无法发挥功能的疾病（如严重贫血的动物会出现呼吸加快和呼吸困难）。

喷嚏及鼻涕

3 判断病灶位置

喷嚏及鼻涕是鼻腔、鼻窦、口咽部前段及齿弓部位疾患的典型征象。极少见的情况下，深度侵蚀性的硬腭病灶也可表现喷嚏及鼻腔分泌物。

临床症状

鼻腔疾病最主要的症状是频繁吸鼻子或者打喷嚏并伴有不同黏度和含血量的单侧或双侧鼻分泌物。鼻翼的溃疡或表皮剥脱，从构成鼻腔侧壁的上颌骨处流出鼻窦分泌物，或者鼻腔内的刺激物等症状并不常见，但一旦出现通常很明显，易于察觉。鼻腔周围或毗邻的骨骼发生变形的情况更加少见，但通常可以凭借观察单、双侧眼球突出程度而发现异常。

上述所有症状都强烈提示存在鼻腔的原发结构性疾病。小动物的鼻出血症状则可能是全身性凝血障碍的表现。另外，如果发现动物还伴发有其他系统的异常症状，并且不存在与呼吸道本身有关的其他症状，则应该怀疑是否存在引起继发性呼吸系统疾患的全身性疾病。

仅患有原发性鼻腔疾病的动物通常不会发生咳嗽或喘息。患犬可以通过张口呼吸适应鼻部的不便，因而通常不会发生明显的呼吸困难，除非被迫仅用鼻子呼吸，例如因睡姿导致嘴巴闭紧的情况下。如果没有被迫闭紧嘴部，就算患犬的鼻腔完全堵死，外鼻镜处完全无法检测到空气流动，它们也不会发生呼吸困难。

猫通常不太能适应张口呼吸，因此鼻腔阻塞可能使患猫发生一定程度的呼吸困难。但即便疾病已经如此严重，原发性鼻腔疾病的患猫整体的临床表现仍主要会是鼻涕及喷嚏，因此我们在这种情况下仍应将诊查的注意力主要集中于鼻部。

辅助诊断手段

对于表现结构性鼻腔分泌物的病患，下列检查手段有助于做出诊断：

- 鼻腔、鼻窦及口咽部的影像检查。CT 检查将大幅提高诊断的准确性，不过如果不具备条件，常规的 X 光检查也可用于大多数病例的诊查
- 鼻镜——有必要进行顺向及逆向双方向的探查
- 鼻腔活组织检查

鉴于上述检查手段或者要求保定确实，或者有一定的创伤性，从实际操作的角度，最好集中一次性将各项做完，以避免重复进行保定和麻醉。

根据特定情况，还有另外一些诊断手段值得尝试，其中最主要的便是通过血清学检查检测疑似鼻隐球菌感染动物体内的隐球菌抗原水平。总的来说，鉴于鼻腔原发性细菌感染极其罕见，对喷嚏流涕病患使用鼻腔冲洗及常规细菌培养的方式进行诊断的意义不大。

4 确定病灶性质

鼻部病灶通常由炎症（感染性或非感染性）、肿瘤或结构异常所致。

感染性炎症

原发性鼻部疾病 vs 全身性感染性疾病的鼻部表现

鼻腔分泌物可能来自全身性感染，如猫的杯状病毒或疱疹病毒感染，也可能来自原发鼻部疾病。如果是后者，应及时确定病况为急性或慢性，因为许多急性经过常常不需要过多医疗介入便可自行痊愈。

如果动物的主要异常表现是慢性脓性鼻分泌物，则其病因应为鼻腔共生菌群与黏膜屏障间关系失衡而致的继发细菌感染。通常的致病

原因有肿瘤、异物、真菌感染及蔓延至鼻腔或经上颌鼻窦波及鼻腔的牙根脓肿。没有潜在致病原因的犬猫原发性细菌性鼻炎非常罕见。

真菌性鼻炎

真菌性鼻炎主要由隐球菌属、曲霉属或青霉属真菌感染引起。隐球菌感染在猫比较常见，而曲霉菌病则常见于犬。

隐球菌病

隐球菌病是猫的一种在全球范围内均不常见但非常重要的疾病。主要病原为新型隐球菌，是一种有荚膜的酵母菌。新型隐球菌有两个生物型，即新型隐球菌新型变种和新型隐球菌格特变种。

不同地区分离到的隐球菌可能不同。例如，澳大利亚新南威尔士州主要分离到的是新型变种，而格特变种在澳洲的分布则似乎与赤桉树的花粉播撒有关，因而多见于此树分布较密集的澳大利亚西南部地区。

隐球菌感染通常涉及鼻腔，另外，皮肤、皮下组织和中枢神经系统也是感染好发部位。然而感染隐球菌的绝大多数动物主要临床表现为鼻部疾患。

大多数病患可经探入外鼻孔的鼻拭子获得诊断。拭子涂片通常经各种常规染色均可轻易观察到大量有荚膜的酵母菌样微生物。虽然也可进行非种特异性隐球菌乳胶凝集滴度检测（LCAT），但这一检测方法主要适用于评估治疗效果，而非作为辅助诊断的手段。

曲霉菌病及青霉菌病

曲霉菌病及青霉菌病是主要发生在犬的疾病。大多数患病动物小于7岁，而短头品种极少受感染。另外大多数病例的病灶仅局限于鼻腔。因这两种真菌倾向于造成血管炎并导致缺血性坏死，感染常造成鼻甲骨缺损及鼻腔内部结构丧失。

慢性大量脓血性鼻腔分泌物伴喷嚏及鼻出血是曲霉菌及青霉菌病最常见的临床症状。可凭借分泌物的性质鉴别霉菌病及鼻部肿瘤。后者分泌物量较少，且通常含血量较少或者前期会有较长一段产生非血性鼻分泌物的阶段。另外，外鼻孔处的溃疡和表皮剥脱常导致鼻孔区域、吻部、鼻梁或面部的不适感，鼻部肿瘤很少发生这些表层组织的损害。

为避免假阳性或假阴性结果的干扰，诊断曲霉菌病及青霉菌病时应至少分别实行两项互相独立的检查项目，以作确认。通常而言影像学诊断的效果最好，通过X线检查可观察到鼻甲结构缺失及整体密度下降等，这些均为青霉及曲霉感染导致的鼻甲坏死所致。鼻部肿瘤虽然也可能造成鼻甲结构缺损，但除此之外，肿瘤的大量软组织及渗出物反而会使射线透过量下降，在平片上表现为密度升高。

鼻镜检查可以用来观察真菌菌落，在曲霉菌及青霉菌感染的诊查上尤为有用。鼻甲及血管损伤会在鼻腔中造成大片没有出血的区域，因而在鼻甲黏膜上可以见到灰绿的霉菌菌落，方便进行采样及后续细胞学检查。

在笔者看来，霉菌病的血清学检查敏感性及特异性均较低（即存在大量假阴性及假阳性结果），因而对诊断并无助益。即便使用，其结果也应基于影像及鼻镜检查的结果来进行解读。

非感染性炎症

非感染性炎症导致的喷嚏和鼻涕在犬、猫非常常见。淋巴细胞-浆细胞性鼻炎及过敏性鼻炎的诊断有一定难度。病患发生亚急性非感染性炎症，但诊断需排除明显鼻部结构改变、肿物或疑似其他疾病的表现，并在鼻黏膜活检样本中检出单核细胞浸润。

鼻咽息肉

鼻咽息肉是主要见于幼猫及年轻成猫的良性肿物。症状通常是上呼吸道阻塞、呼吸杂音及浆液性至黏脓性分泌物。

肿瘤

鳞状细胞癌、纤维肉瘤、淋巴瘤及各种腺癌等肿瘤性疾病均可能造成鼻分泌物。犬、猫的大多数鼻部肿瘤均为恶性，预后不良（猫的鼻淋巴瘤除外）。

呼吸困难但极少咳嗽

3 判断病灶位置

出现呼吸困难但不怎么咳嗽表示动物的呼吸系统功能受到损伤，因而其异常所涉及的系统显然应为呼吸系统，但要想确认病变在呼吸系统中的具体位置则略有难度。总体而言，还是可以分为两种情况：喉部病灶、胸腔内部病灶。注意——患气管疾病的动物极少以呼吸困难为主要表现。

- 呼吸困难但极少咳嗽提示病变在喉部疾病或胸腔内的多种疾病
- 患喉部疾病的动物主要表现吸气性呼吸困难，除非累及气管，否则几乎不咳嗽。
- 患胸腔内各疾病的动物更常表现呼气性呼吸困难。

为提高诊断效率和准确性，应首先鉴别上述两大类疾病，而最佳的初步鉴别手段则是听诊——分辨呼吸声最大、最清晰处究竟在喉部还是胸腔。另外，喉部疾病还可能出现喘鸣音（伴随吸气听到的尖锐呼吸杂音）、失声，并偶见吞咽困难。

随着导致喉部功能受损的疾病不断发展，较严重的病患还可出现黏膜发绀及呼吸窘迫的症状。呼吸窘迫是上呼吸道阻塞所致，通常发生在吸气阶段，而呼气则自如无碍，这是因为吸气时上呼吸道内为负压状态，容易吸入周围的软组织而发生阻塞。

导致呼吸困难但鲜见咳嗽的喉部疾病

如怀疑动物患有原发性喉部疾病，则应仔细检查咽喉后部（喉镜检查）。借助喉镜可直接观察咽喉部，检查杓状软骨与声带的结构和功能异常。为更好地观察喉部功能，保定动物时应尽量避免使用阻碍喉部功能的药物。

恰当的镇静

一般而言，低剂量（2~4毫克/千克）的丙泊酚便足以提供可靠镇静，既可避免低剂量麻醉药引起动物兴奋，又可使其配合，以便对咽喉部进行详细、全面的检查。喉镜或小型硬质内镜都可对检查部位提供足够的照明，辅助视检。动物应以俯卧位保定，以避免出现任何由体位造成的结构不对称。

有趣的是，近期一项研究显示咽喉检查使用硫喷妥钠浅麻的效果比丙泊酚（加或不加乙酰丙嗪）、氯胺酮静注或地西泮静注都要理想，因为后面这些药物都会不同程度地影响吸气时杓状软骨的动作。但上述研究中使用的是视频内窥镜，本来就需要比直接视诊更高的麻醉深度，而麻醉较浅的时候上述药物对软骨运动的副作用可能并不会那么明显，但硫喷妥钠在浅麻下造成麻醉兴奋的风险反而较大。

检查完喉部功能后，应加深麻醉，继续进行结构异常、异物或肿瘤的检查，有必要时还可取样送组织病理学检查。

继发病变

长时间的上呼吸道阻塞会使喉管周围的软组织不断被负压吸入呼吸道，而发生喉小囊外翻、软腭伸长增厚和咽喉黏膜增厚发炎等损伤。喉部软骨也可能变形软化，甚至向内塌陷，造成不同程度的气流受阻。

4 确定病灶性质

伴侣动物常见喉部疾病可依其病理特性分为以下几类：

- 炎性疾病
- 畸形
- 退行性病变
- 肿瘤
- 麻痹

导致呼吸困难但鲜见咳嗽的胸内疾病

当发生呼吸困难、鲜有咳嗽、动物的喉部功能视诊和听诊均无异常的时候，应考虑各种胸内疾病的可能。具体而言，发生下列这几类疾病的可能性较大：

- 胸膜腔内占位病变
- 缩窄性支气管炎症
- 各种心脏疾病

听诊是合理诊断胸内疾病的重要一环。为获得最佳听诊效果，有必要牢记各种胸腔呼吸音的产生原理。

正常肺音

正常情况下，肺部听诊可听到的是支气管音和肺泡音。支气管音应为与气管音相似的管腔音，在近肺门处最为明显。肺泡音则类似“风吹过树林”的声音，较支气管音柔和，在远离肺门的外周肺组织处更易听到。

异常肺音

异常肺音可能是加重的支气管音，也可能是加重的肺泡音，即“啰音”或“哮鸣音”。

- 啰音是非音乐性的断续杂音，听上去类似于揉搓包装纸或肥皂泡破碎的声音。啰音常与呼吸道内积聚黏性液体有关
- 哮鸣音是更具音乐性的持续高调哨音，提示呼吸道管径变窄，

可能的原因有积聚过多分泌物、管壁增厚、支气管主动收缩或顺应性增加导致呼吸道每每随胸内压升高（如呼气过程）而发生塌陷

由上述描述可见，异常胸呼吸音主要来自呼吸道内的空气湍流。在发生呼吸困难但极少咳嗽且喉部功能无异常的动物，通过胸部听诊可较好地鉴别导致这些症状的三大类常见疾病。

胸膜腔占位性病变

胸膜腔占位性病变包括积聚于胸膜腔的大量气体、液体、移位器官或异常组织。动物发生呼吸困难时，呼吸道中空气含量及流速均增加，因而呼吸音理应变大。此时如果听诊发现呼吸音反而变混浊或消失，应考虑占位性病变的可能性。

发生这种对比的原因是：当胸膜腔中物质积聚量足以产生临床损害时，即便呼吸时胸壁张开幅度增加，肺部也无法正常扩张，于是呼吸道内空气量和流速均下降。另外，未充分扩张的肺（特别是其中产生呼吸音的支气管）与胸壁之间的距离变远。上述两个原因共同作用下，听诊呼吸音便减弱或消失了。

诊断方法

怀疑胸腔积液的情况下，需对病患做 X 光或 CT 扫描，以及超声扫查，以便评估胸腔积液的程度，并检查胸膜腔中是否存在任何实质肿物。如检出实质肿物，而条件也允许，则应进行细针抽吸，以做进一步评估。

胸腔穿刺也是检查胸水性质及可能病因的好方法，但各种胸腔积液中都会产生形态怪异的反应性间皮细胞，应留意不要将其误认为低分化肿瘤细胞。

是否该抽走胸腔积液？

病况危急的动物一旦经影像学检查确认就应考虑马上抽走胸腔积液，而且减少积液量也会降低 X 光下分辨胸膜结构的难度。如需大量彻底移除胸腔积液，最为便捷的方法是手术植入胸腔引流管。

4 确定病灶性质

胸膜腔占位病变可能来自积聚的各种液体（如血液、乳糜、渗出液及漏出液），也可能是移位的正常组织，或是肿瘤等异常组织。对采集到的胸腔积液进行分类有助于确定可能的病因。

- 炎性渗出液提示原发性炎性疾病
- 漏出液提示系统性静脉压升高或渗透压降低，虽然后者常伴有全身性水肿
- 乳糜性渗出液同样可能由系统性静脉压升高造成，但也可能来自任何影响胸腔淋巴回流的病因
    - 犬和大多数动物的心源性静脉高压来自右心房压力增高，即右心衰
    - 猫的心源性静脉高压导致的漏出液和乳糜性渗出则可能来自左心房压力增高，即左心衰
- 血性胸腔积液通常提示肿瘤或新鲜外伤

细胞学和体液分析可用于判断胸腔积液的病因，而超声扫查则是检出胸腔中移位正常组织或异常肿物最为有力的诊断手段，如果利用少量积液提供的较大透声窗，则效果尤为理想。

缩窄性支气管炎症

4 确定病灶性质

很多支气管疾病都会导致不同程度的咳嗽症状，只有极少数表现呼吸困难，而鲜见咳嗽。这些不走寻常路的例外中，较知名的一类，便是以严重支气管痉挛为特征的小支气管疾病。因为支气管管径广泛变窄，患病动物会表现特征性的严重呼吸困难，而且只要支气管痉挛没有导致渗出就极少会咳嗽。同时，呼吸道管径变窄导致的空气湍流使动物呼吸音显著增强，于是听诊胸呼吸音也会广泛增强。

到目前为止，导致支气管树管径普遍狭窄的最常见疾病，是因机

体释放炎性细胞因子导致支气管痉挛而出现的缩窄性支气管炎症。有趣的是，此病几乎完全是一种猫的专有疾病，极少发生于犬，因为后者在患呼吸道炎症时通常不会释放“支气管收缩性细胞因子”。于是大多数支气管炎患犬不会发生支气管收缩，也就不会出现呼吸困难但基本不咳嗽的情况了。

诊断方法

有助于诊断缩窄性支气管炎症的诊断手段包括下面这些：

- 胸部影像学检查：包括X线投照及CT扫描。然而，鉴于导致无咳嗽呼吸困难的支气管疾病主要是缩窄性支气管炎，并不会出现渗出，即便相应调整了投照条件，也仍旧可能无法从胸片上观察到异常。诚然，由于整个肺部过度通气，可能连呼吸道都很难在胸片上看出来，但面对一只明显呼吸困难，胸呼吸音广泛增强，但少见咳嗽、胸部平片正常、喉部检查也正常的猫这件事本身，就已经足以让我们怀疑缩窄性支气管炎了
- 经气管抽吸
- 支气管冲洗 / 支气管肺泡冲洗
- 血液学检查

各种心脏疾病

如果不伴有咳嗽的呼吸困难是由心脏功能受损引起，那么动物还应同时表现其他心脏相关的异常。

此类异常可能包括下面这些：

- 可触及或可听诊检出的心搏动异常
- 脉搏幅度减弱
- 快速性心律失常
- 与二尖瓣闭锁不全、主动脉狭窄或左向右分流有关的心杂音

相关心脏结构异常可借助超声心动图进一步证实，也可检测几种仅在心源性呼吸功能障碍时才发生升高，其他因素导致呼吸功能障碍时均不会升高的神经肽在循环血中的水平

咳嗽

2 判断所涉及的系统

咳嗽发生的过程是：在声门关闭的情况下，主动用力呼气使肺内压升高，接着声门张开，肺内空气穿过喉部和口腔喷射而出。在咳嗽之前，一般会有吸气加深的动作，以便呼吸肌更加高效、省力地收缩。声门张开前，肺内压可达到40千帕，因此如果这个升压过程不断随咳嗽而发生，则有可能影响静脉血回流，在少数情况下可能导致动物昏倒这样的严重后果。

咳嗽反射始自对气管和大支气管中咳嗽感受器的刺激。可激活感受器的刺激物包括黏液、尘埃、异物、化学刺激物或者气道管径的突然或大幅变化。

咳嗽所涉及的系统显然应为呼吸系统。二尖瓣黏液样变性（MMVD）在成犬非常常见，从事小动物临床的兽医尤其需要牢记这一结论。我们前文曾经提过，大家总是乐意将不同的异常表现归于同一病因，因此当你在一只咳嗽的病犬身上检查出MMVD时，可能很容易就会想到咳嗽是不是也是心脏疾病导致的。然而，很多MMVD患犬在确诊之后很多年都不表现任何临床症状。换言之，虽然用同一病因解释两种异常表现听上去很诱人，但这种方法不是什么情况下用都合适，而且必须结合病史、身体检查来全面考虑。

或许，我们可以按照逻辑来分析一下上述问题。咳嗽是呼吸系统疾病的一种症状。而这种呼吸系统疾病的一种可能的病因是MMVD所致左心衰竭导致的肺淤血。不过，如果是MMVD导致的心衰进一步导致了肺淤血和肺水肿，使动物出现咳嗽的症状，那么动物咳嗽时必然已经发生了某种程度的心衰，那么其机体也就必然激活了主要的几种代偿机制——交感神经系统和肾素-血管紧张素系统。相较而言，我们比较容易通过身体检查发现交感神经系统激活的征象，那么由此可知，如果没有证据表明代偿机制已激活（如：没有发现心动过速或窦性心律不齐），我们便可以认为咳嗽症状比较可能与MMVD无关。

明确了咳嗽确实来自呼吸系统疾病之后，为了更好地回答我们面对的下一个问题——病灶具体在呼吸系统的哪个位置？下一步可将咳嗽病患分为两大类：伴随呼吸困难的和鲜见呼吸困难或呼吸困难表现极轻微的。

咳嗽且罕见呼吸困难

3 判断病灶位置

动物仅表现咳嗽症状通常提示气管或大气道疾病。这些部位的病变常导致刺耳的干咳，呈发作性经过，而且咳嗽后还可能发生干呕。另外，只要涉及支气管病变，胸部听诊便总可以听到哮鸣音和啰音，呼吸音较大处则为病情较严重的区域。

因为大管径的气道较难发生严重阻塞，很多大气道和气管疾病不会导致呼吸困难，但也有一个较罕见的特例——气管发育不良。患病动物的气管发生先天性畸形，常从胸前口处开始向后发生严重狭窄，有时也会不同程度地影响到气管胸段在胸前口之前的部分。这种病导致的狭窄程度十分惊人，因而很多病例都会发生不同程度的呼吸困难。但这确实是一种不常见的疾病，发病犬集中于短头品种以及罗德西亚脊背犬。

当仅咳嗽无呼吸困难的情况发生于支气管疾病患犬时，可认为支气管树总体的狭窄程度比较轻微。支气管疾病中，除上述这一类外，也有一些同时导致咳嗽和呼吸困难，还有一些像前文提到的那样，导致呼吸困难但鲜见咳嗽。尤其是猫，各种过敏反应引起的呼吸道炎症在猫会导致程度不等的支气管痉挛，其主要表现便是呼气性呼吸困难。

总而言之，支气管疾病的临床症状依病灶性质不同，病理过程不同，可能仅表现咳嗽症状，或仅表现呼吸困难，也可能两者兼有。

4 确定病灶性质

正如前文所言，气管和大气道疾病通常仅出现咳嗽，极少发生呼吸困难。而且这些疾病的病患常发生刺耳的干咳，呈发作性经过，而且咳嗽后还可能发生干呕。

咳嗽且罕见呼吸困难的情况提示气管疾病、无气道狭窄的支气管疾病或气道仅发生轻微狭窄的支气管疾病。

最常见的仅引发咳嗽而鲜见呼吸困难的气管和支气管疾病有以下几类：

- 畸形：包括支气管扩张症和纤毛运动障碍等疾病
- 渗出性炎
    - 产生渗出物的各种炎症，渗出物会激活咳嗽感受器
- 造成软骨软化症的气管、支气管软骨退行性病变（表现为气管、支气管塌陷）。此病变因软骨无法支撑管腔结构，使气道壁黏膜互相接触，增加造成刺激的可能性。尽管业界持有不同看法，这种病变通常仅造成咳嗽，极少出现呼吸困难。
- 肿瘤
    - 肿瘤扰乱气流、导致附近的黏膜发生糜烂，这些都有可能刺激咳嗽感受器。但即便支气管肿瘤有可能阻塞受损的支气管，在病程初期支气管树总体的管径状态不会受到影响，因而动物一开始只会咳嗽，但几乎不会发生呼吸困难

诊断方法

咳嗽但少见呼吸困难的病患较可能患有气管支气管疾病。为评估并鉴别这些疾病，通常需要进行多种类、多步骤的诊断检查。但注意，犬自限性气管支气管病是个例外，此病借助病史和身体检查便可进行判断，而且鉴于其自愈特性，通常的策略是“观察为主，支持疗法为辅”。

对气管支气管疾病较有用的诊断手段如下：

- 胸部投照

    - X 线或 CT 扫描
    - 虽然气管常见疾病通常极少能通过平片看到病变，但小气道放射密度增加（支气管纹理增粗）等现象也可作为提示，但有些情况下支气管纹理可能也不太明显。事实上，鉴于咳嗽且鲜见呼吸困难的表现主要来自大气道功能障碍，有些情况下有必要使用动态检测手段。更理想的状态是，任何对气道的诊断检查都应考虑透视检查（X 线电影摄影）
- 气管镜 / 支气管镜
    - 尤其是没有条件进行 X 线电影摄影的情况下
- 病变气道的细胞学检查
    - 经气管抽吸、支气管冲洗或支气管肺泡冲洗后进行细胞学检查有助于许多疾病的诊断

伴有呼吸困难的咳嗽

3 判断病灶位置

咳嗽伴呼吸困难最常见于肺实质疾病或前文提到的部分支气管疾病。与出现吸气性呼吸困难的喉部疾病不同，支气管肺脏疾病导致的呼吸困难一般在呼气阶段更加明显，或贯穿整个吸气和呼气阶段。

引起咳嗽和呼吸困难的支气管肺部疾病同样也会导致呼吸系统内积聚过多液体。鉴于气道内有大量液体，此时的咳嗽常为带痰的湿咳。

痰湿咳嗽的声音比较“湿润”，并且会随咳嗽由气道排出黏液、渗出液、水肿液或血液至口腔中。动物通常会在咳嗽后有一个明显的吞咽动作。极少数情况下痰液会从动物嘴里吐出，并可能被主人误认作呕吐物。另外，动物用力呼吸，兼之呼吸道分泌物积聚导致气道管径变窄，可导致如前文所述胸腔听诊呼吸音增强的现象。

如果你仔细全面地进行呼吸系统听诊，便会发现几乎所有因患支气管或肺实质疾病而发生咳嗽和呼吸困难的动物都有一定程度的听诊异常。

进一步鉴别咳嗽伴呼吸困难病例所患的具体支气管肺部疾病，通常需要将下列诊断方法结合起来使用：

- 胸部影像学检查——X 线平片或 CT 扫描
- 支气管冲洗
- 经气管冲洗
- 经胸壁的肺部抽吸活检
- 肺部寄生虫病的“全身”检查
- 动脉血气分析
- 采血进行各种病原如心丝虫的血清学检查，或采便样检查管圆线虫幼虫
- 如果怀疑心衰，应检查血液中氨基末端 B 型利钠肽前体（NT-proBNP）水平

  胸腔镜和 / 或开胸肺活检

具体选择上面所列检查项目中的哪几种，需取决于可能疾病以及疾病产生的相关病理过程。

4 确定病灶性质

肺实质常见的病理过程包括如下：

- 炎性疾病：可能来自感染性病因或非感染性病因
- 血栓栓塞：可能由原发性肺动脉疾病（如心丝虫病所致肺动脉损伤）所致，或继发于其他引发高凝状态（如广泛性炎症）或减少溶栓物质水平（如蛋白丢失性肾病）的全身性疾病
- 肺淤血及肺水肿：到目前为止，最常见的病因是左心衰竭
- 肿瘤

- 退行性肺纤维化，目前认为这是一种自发性的病理过程
- 肺气肿：通常由慢性、塌陷性气道疾病或严重退行性疾病导致

肺实质炎性疾病

肺实质炎症根据病因可分为感染性和非感染性（免疫介导）两种。各种非感染性炎症的治疗手段在感染性疾病却属禁忌，因此在开始治疗之前一定要明确病因。

感染性病因

导致感染性肺实质炎症的病因包括如下：

- 病毒
  - 多种病毒均可感染下呼吸道，但病毒性肺炎通常不是动物所呈现的最主要征象
  - 猫冠状病毒感染有时只表现肺部症状，但进一步深入检查却可能发现疾病已波及了多个系统。猫杯状病毒和疱疹病毒极少导致肺部炎症
- 细菌
  - 许多细菌可造成肺部感染
  - 一般以革兰氏阴性间性厌氧杆菌以及肠厌氧菌为主
  - 细菌性肺炎可能与潜在的咽食管功能障碍、长期呕吐、免疫力下降、呼吸道结构功能异常（如支气管扩张症和纤毛运动障碍）、血栓栓塞疾病、肿瘤或异物有关
  - 常见分离菌包括巴氏杆菌、克雷伯菌、埃希氏菌、假单胞菌、葡萄球菌和链球菌
- 真菌
  - 除北美洲部分地区外，真菌性肺炎并不非常常见，如果真的发生，也不会仅表现肺实质疾病相关症状
  - 多数情况下真菌感染会表现为多系统疾病
  - 免疫缺陷动物有时会感染各种致病力较低的病原，发生隐球菌病或肺孢子菌病

- 寄生虫
    - 心丝虫病是很多国家和地区犬猫临床最常见的寄生虫肺部炎症病原，导致嗜酸性粒细胞性肺炎
    - 感染性心丝虫病导致嗜酸性粒细胞性肺炎的可能方式是：抗体介导的白细胞黏附在寄生虫微丝蚴上，后者随后被肺毛细血管截留，并被肺网状内皮系统清除。这个过程使肺部组织出现肉芽肿性炎症，此炎症表现与无菌的免疫介导性嗜酸性粒细胞性肺炎十分相似，而且有可能发展为严重的肺部肉芽肿，并伴肺门淋巴结肿大
    - 其他引起肺部疾病的寄生虫包括：猫圆线虫及脉管圆线虫
    - 英国及欧洲最常见的寄生虫性肺炎病原是脉管圆线虫。此虫寄生可导致不同程度的肺部炎症及原理不明但临床危害严重的凝血障碍

诊断方法

有助于诊断肺实质感染性炎症的诊断手段包括如下：

- 胸部影像学检查
    - X线平片或CT扫描
    - 大多数炎症过程会造成渗出或肉芽肿性炎，在平片上分别表现为肺实质中的肺泡纹理增粗或结节状阴影
    - 可借助肺纹理的样式及分布判断病因。例如，因右肺尖的肺叶支气管开放较早，吸入的口腔/胃内容物易于进入右肺尖，相应的纹理也会出现在对应位置
    - 吸入的异物往往形成严重但边界清晰的高密度影，并伴有清晰的肺泡纹理
- 经气管抽吸及支气管冲洗样品的细胞学检查及培养
    - 很多情况下，不需麻醉，仅通过经气管抽吸便可确诊疾病
    - 在抗生素治疗前，应尽量取样进行细菌培养
- 血液学检查
    - 外周血白细胞相可体现炎性过程的状态，但不可仅凭白细

胞相正常便排除感染性肺炎

非感染性病因

总的来说，非感染性支气管肺脏疾病是原发免疫系统障碍与未知潜在病因相结合的外在表现。这些疾病常常以渗出性或是肉芽肿性支气管肺脏炎症的形式出现，其中以前者最为常见。

渗出性疾病常常导致肺脏无菌性嗜酸性粒细胞浸润，但也并不总是如此。这些疾病意味着肺脏发生了某种超敏反应，虽然大家一般将其归因于寄生虫病，但真正的致病因素却往往无迹可寻。各年龄的犬猫均有可能发生此类疾病，它们通常仅发生轻微全身症状或不出现全身症状。

肉芽肿性疾病会导致肺内多发性结节状炎性病灶，破坏原有的肺脏结构。这一类型的免疫介导性支气管肺脏炎症一般称为“淋巴瘤样肉芽肿”。

诊断方法

有助于诊断非感染性肺实质炎症的诊断手段包括如下：

- 胸部影像学检查
  - X线平片或CT扫描
  - 非感染性炎症的影像学表现和感染性炎症的非常类似，因此影像学检查并不能用来区分来自免疫介导的疾病和感染性病原的病灶
  - 根据所涉及的免疫过程不同，放射影像学检查通常可见肺实质影像密度增加，并伴有间质纹理或肺泡间质混合纹理
  - 肉芽肿性免疫介导性支气管肺病的特点是肺实质内广泛分布的大块高密度结节
  - 较严重的病例常会出现肺门淋巴结增大
- 经气管抽吸及支气管冲洗样品的细胞学检查及培养
  - 有时候通过细胞学检查可以发现非感染性炎症的明确证据，比如大量嗜酸性粒细胞浸润；或是肉芽肿性病例的样品里出现大量淋巴细胞和浆细胞，而少见嗜酸性粒细胞

- ○ 鉴于疾病性质，很难将淋巴瘤样肉芽肿与肺脏肿瘤、真菌性肺炎，甚至非典型性细菌性肺炎相鉴别。确诊必须依据结节活检的结果，活检取样可通过透视下引导细针穿刺、胸腔镜，甚至开胸进行
- ○ 非感染性肺实质炎症的组织样品应无病原，并且其他检查项目如冲洗、血清学检查或粪检都不应发现存在胞内菌感染或寄生虫的迹象

肺实质血栓栓塞性疾病

血栓栓塞通常来自肺外其他器官的疾病。循环血中的细菌、脂肪、气泡、寄生虫等栓子，以及从其他部位血栓上脱落的部分，都可能停留在肺血管网中形成栓塞。

血栓形成的可能病因包括如下：

- 静脉淤血
- 血液湍流
- 内皮损伤
- 全身高凝状态

血栓形成后通常很快就会被机体溶解清除，但在很多疾病状态下，这种动态平衡可能遭到破坏。下面是最常见的一些导致血栓栓塞的疾病：

- 心丝虫病
- 高脂血症
- 肾上腺皮质功能亢进
- 甲状腺功能减退
- 肾小球疾病
- 免疫介导溶血性贫血
- 胰腺炎
- 弥散性血管内凝血（DIC）

肺部血流遭到栓塞扰乱的直接结果便是通气 - 灌注异常，进而导

致低氧血症，以及根据动物的呼吸驱动程度不同，血中碳酸水平可能偏低、正常或偏高。鉴于二氧化碳在血液中的溶解度远高于氧气，如果已经出现低氧血症的动物却没有出现低碳酸血症，则说明其呼吸功能已严重受损，这通常意味着预后极不理想。严重的血管栓塞或反射性血管收缩后，可能很快便会出现肺动脉高压，这种情况在反复发作的慢性病例中尤为常见。肺梗死则相对罕见。

栓塞引起的突发缺氧会导致动物出现超急性呼吸困难及呼吸急促，接着在1~5天内出现咳嗽症状。如果是复发病例，则有可能检出右心肥大或第二心音分裂——肺动脉高压的证据。

诊断方法

有助于诊断肺实质血栓栓塞的检查手段包括如下：

- 胸部影像学检查
  - X线平片或CT扫描
  - 即便可见严重呼吸症状，血气检查也可检出明显的通气－灌注障碍，但除非疾病呈慢性经过，否则胸部影像通常不显示任何异常
  - 症状、血液检查与影像学检查结果不相符的现象正说明很有可能出现了肺脏血管疾病
  - 亚急性或慢性病例中一个较罕见的示病特征是：遭截断的肺动脉会在堵塞处形成间质或肺泡密度的阴影
- 一般情况下，确诊需要显示血流遭截断或管腔遭填塞的血管造影依据
  - 如能在CT扫描下进行血管造影，此检查敏感度将获得实质提升

肺水肿

大多数犬猫的肺水肿来自造成临床损害的左心衰竭。左心衰竭会导致左心房高压、肺静脉高压、肺淤血，并最终导致肺水肿。由此可

见，所有能导致左心房高压的心脏疾病都有可能引发肺水肿。不过目前小动物临床最常见的病因在犬是获得性心脏疾病、黏液瘤性退行性二尖瓣疾病及扩张性心肌病，在猫则是增生性心肌病。

另一种较少见的机制是肺血管通透性升高或血浆渗透压降低。如果最初的致病因素是血浆渗透压下降，则肺水肿可能只是全身性皮下水肿的表现之一。

另外，肺水肿也可能来自不发生左心房高压的高输出量性心脏疾病。入肺血流大幅增加致使液体外渗，当组织中积聚的液体超出淋巴管移除能力时，肺水肿便发生了。此类高输出量性肺水肿常见于几种先天性心脏疾患，如动脉导管未闭或室间隔缺损。

神经源性肺水肿由交感神经系统大幅激活所致。交感神经大量释放递质，使外周阻力及血压均升高，于是循环血大量由体循环转移至肺循环。此时肺静脉血压飙升，液体渗出血管外，导致肺水肿。通常为避免发生心脏衰竭，机体会在30分钟内自行调节中央静脉压及肺静脉压至正常水平，然而高血压及高血容此时已损伤毛细血管内皮，使其通透性增加，导致持续性肺水肿。

成年动物呼吸窘迫综合征导致的肺水肿也来自毛细血管通透性增加，但这与肺静脉血压升高无关。血管通透性增加是肺脏应对损伤的常见反应。肺泡上皮以及微血管屏障的损伤是导致此类通透性异常的主要原因，同时可能还涉及多种介质，如内毒素（直接损伤血管内皮）、各种炎症介质（细胞因子及类花生酸类物质），还有过量血小板及血小板激活因子。很多疾患可激活上述各机制，包括吸入毒素、败血症、胰腺炎、吸入胃内容物及多种药物。

不论病因为何，当肺水肿发生时，液体首先积聚在肺间质中，之后迅速向肺泡腔甚至气道中扩散。肺泡塌陷和表面活性物质含量下降导致肺扩张不全以及肺顺应性下降，严重损害呼吸功能。接下来，局部缺氧及低碳酸血症分别引起肺小动脉和细支气管收缩，而因水肿广泛升高的间质压力又进一步加速了上述收缩过程。

诊断方法

有助于诊断肺水肿的检查手段包括如下：

- 胸部影像学检查
  - 可见血管周围肺实质密度升高，肺泡纹理增加
  - 犬左心衰竭致左心房高压所造成的肺水肿，影像学表现主要集中于后部肺叶近肺门处。而猫患同样疾病时，肺泡密度的分布却不固定
- 当肺水肿由左心房高压所致时，动物同时会表现出心脏异常可检出的病状包括如下：
  - 可经触诊或听诊检出的心搏动异常
  - 脉搏幅度减弱
  - 快速性心律失常
  - 与二尖瓣关闭不全、主动脉狭窄或左向右分流有关的心杂音

发现这些心功能不全的表现后，可借助放射影像学检查或超声心动图进一步证实相关的心脏结构异常，也可检测循环血中几种仅在心源性呼吸功能障碍时才发生升高，其他因素导致呼吸功能障碍时均不会升高的神经肽。当然，解读上述所有检查收获时，均应考虑到动物同时伴发非心源性胸内疾病的可能。

肺脏肿瘤

肺实质可能发生的肿瘤性疾病包括肺脏原发性肿瘤、转移性肿瘤以及多发性肿瘤。

虽然大多数肺脏原发性肿瘤都是恶性的，但这些肿瘤在早期阶段一般不常发生转移。于是，如果可以在此阶段经手术将瘤体彻底切除，则术后动物可以获得很长的一段缓解期。可惜，因为肿瘤所致的咳嗽和呼吸困难发展得极为缓慢，早期临床症状难以察觉，等到症状明显时，肿瘤对肺实质的侵袭往往已经很严重了。不过偶尔也有病例会表现超急性并发症，如气胸或血栓栓塞。

诊断方法

有助于诊断肺脏肿瘤的检查手段包括如下：

- 胸部影像学检查
    - 胸部 X 线或 CT 检查有时可以发现遮挡住后方所有结构的局灶性高密度影
    - 高密度病灶边缘通常比较清楚，内部可能出现空洞征
    - 转移性或多发性肿瘤可造成弥散性的间质纹理增强，但不一定可见结节样病灶
- 细胞学检查
    - 支气管冲洗或支气管肺泡冲洗可以获得一些组织样本，但通常达成诊断还是需要直接从肺组织上采样

退行性肺纤维化

这种病的具体性质尚不明了，目前一般认为它是一种免疫介导的轻度炎性疾病，渐进式地造成肺实质纤维化。退行性肺纤维化基本上是一种犬专有的疾病，最常见于小型白色犬种如西高地白㹴及马尔济斯犬。

此病早期常见不伴咳嗽的呼吸困难，因此可以作为该表现的一种胸内病因进行鉴别。但较普遍的情况是：大多数病患直到纤维化已经发展到一定程度时才会出现不适，还常会继发支气管肺部细菌感染，于是这时的症状便普遍成了呼吸困难伴发不同程度的咳嗽。大部分患犬听诊会存在胸呼吸音广泛增强的现象，并伴有明显的啰音和哮鸣音。

诊断方法

有助于诊断肺纤维化的检查手段如下：

- 胸部影像学检查
    - 胸部 X 线或 CT 检查常见肺实质弥散性间质纹理增强
- 经胸腔镜肺组织活检
    - 支气管冲洗、支气管肺泡冲洗以及后续的细胞学检查对肺纤维化并无诊断意义，确诊需要直接进行肺组织采样

肺气肿

肺气肿特指因肺泡破裂并互相联通而形成较大气囊的病理过程。这一过程造成气囊区域肺泡表面积：体积下降，影响正常气体交换。当这种气体交换功能障碍严重到一定程度时，动物便会表现出日益严重的呼吸困难。另外，虽然肺气肿本身不会引起咳嗽，但犬猫的肺气肿属于慢性气道塌陷疾病或重度退行性病变的终末期表现，这些疾病会扰乱支气管功能而造成咳嗽和呼吸困难。

所有原发性呼吸疾病都可能造成一定程度的肺血管高压，而有可能进一步发展为继发性右心肥大。

咯血

咯血是指经呼吸道排出血性物质的过程。绝大多数咯血病例是由原发性呼吸系统结构病变造成的，只在罕见的情况下来自全身性凝血障碍（详见第十一章）。虽说喉部以下的各呼吸道结构的疾患都有可能造成咯血，但总的来说发生这种病变通常意味着严重支气管肺部结构性疾病，其中最常见的是继发于支气管肺部肿瘤，或心丝虫、脉管圆线虫等寄生虫病的重度炎性疾病。

发绀

发绀是由血液中非氧合血红蛋白量绝对升高造成的。出现发绀通常意味着缺氧，但由于它体现的是非氧合血红蛋白的绝对含量而非在血液中所占的比例，血氧含量正常的重度红细胞增多症病患也可能出现发绀的现象。另外，红细胞增多既可能是机体应对心肺系统功能障碍所致氧气交换不足的一种适应性表现，也可能意味着原发性造血系统疾病。由此可见，原发性或继发性的呼吸功能障碍和原发性造血系统功能障碍都可能造成动物发绀。

对发绀产生机制的传统理解是：这种现象意味着血液发生严重的由右向左分流，造成大量非氧合血红蛋白滞留在体循环中。于是，如果动物不表现任何其他临床症状，则可认为发绀很可能来自心室或心房间隔缺损及并发的肺动脉高压。例如，动脉导管未闭伴肺动脉高压的一大特点便是身体后侧发绀。另外一种造成发绀的病因是喉麻痹。注意，双侧喉麻痹时，特征性的喘鸣音可能不会如想象中那么明显，因而容易误诊。

本章总结

呼吸系统疾病的临床表现种类相对有限，但每种表现却可能对应多种病因。因此，为了确定合理的鉴别诊断候选项，并选择恰当的辅助检查手段进行鉴别，以最终得到诊断结论，最为关键的步骤便是正确界定并确认主要异常表现，以及全面考虑原发性和继发性呼吸系统疾病。

第九章　贫血

Jill E. Maddison
英国皇家兽医学院临床科学与服务系

贫血是一种比较常见的临床异常，其原因众多，以红细胞数量和/或血红蛋白含量，或血红蛋白结合氧的能力显著下降为特征。其临床意义在不同病患上也有很大区别，可能是危及生命的主要疾患，也可能几乎不造成什么临床后果。

1 界定异常表现

以贫血为主诉的动物最直接的表现就是可视黏膜苍白。因而面对这样的动物，首要的一步便是判断其具体的异常表现究竟是什么，以及所涉及的机体系统——这是为了将发生红细胞总量减少的动物与因外周血液灌注问题（如低容量血症、心源性休克和疼痛）而表现可视黏膜苍白的动物区分开来。外周血液灌注有问题的动物除可视黏膜苍白之外往往（但并非总是）表现毛细血管再充盈时间延长和/或股动脉脉搏细弱。

一旦你确定动物的可视黏膜苍白来自“真正的贫血”，这时需要判断的重要问题就是贫血究竟是原发还是继发，即，是贫血本身独立导致了动物呈现的各种症状，还是贫血其实继发于潜在的另外一种疾病。人们常常会过度解读轻度和中度贫血的临床意义，而实际上轻度贫血最常见的病因是慢性病贫血——许多种感染性、炎性或肿瘤疾病的共同特征（详见本章后文）。

另外，对临床疾病发生、发展的了解也会帮助你鉴别不同的贫血病因。贫血发生的速度也会影响其对动物产生的作用。例如，同样是红细胞比容（PCV）为 20% 的贫血犬，如果其贫血是缓慢发展而来，犬可能只表现轻微临床症状，但如果贫血发生迅速，PCV 陡然下降，那么该犬的状态可能会受到更严重的影响。

贫血的评价

除非贫血明显呈急性发作，不然我们势必需要查明动物所患究竟是再生性贫血，还是非再生性贫血。这两种贫血的诊断方法和病因都大不相同，共性非常有限。因而有必要对血象进行详尽的评估，寻找血细胞再生的征象。

不过请注意，骨髓需要 2~4 天才能完全响应急性贫血的造血需求，因此超急性红细胞丢失（经失血或溶血）发生后可能从血象上无法马上看到完全再生的迹象。不过即便如此，通常贫血发生 24 小时之内是可以观察到骨髓响应的迹象的，虽然可能是不完全的再生象。

评价贫血时应考虑红细胞相关参数如大小及形态。提示血细胞再生的征象如下：

- 红细胞变大——大红细胞症（平均红细胞体积 MCV 升高）
- 红细胞大小、染色程度不一（多染性，大小不等；见图 9.1）

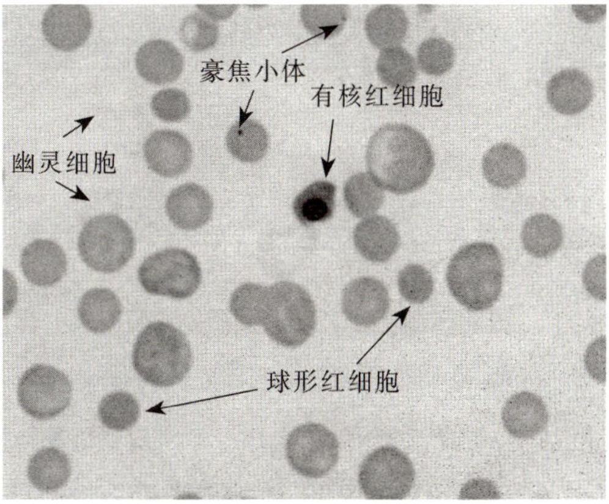

图 9.1 免疫介导的溶血性贫血病例血涂片，犬，示显著的再生性表现：红细胞大小不一，多染；可见有核红细胞、豪焦小体。涂片上还可见多个球形红细胞和幽灵细胞（分别提示存在血管外和血管内溶血）。瑞氏染色，经 Dr Balazs Szladovits 许可转载。

- 出现网织红细胞，数量增加（图 9.2）
- 出现有核红细胞（虽然铅中毒及脾脏疾病也可能有此表现；图 9.1）

红细胞的形态学异常可能有助于判断病因。重要细胞变化包括如下：

- 球形红细胞（图 9.1）
    - 常见于免疫介导的溶血性贫血（IMHA），但如果数量稀少，也可能来自遗传（罕见）或单核吞噬细胞肿瘤、微血管病变性溶血、锌中毒及低磷血症
- 裂细胞（图 9.3）
    - 裂细胞是因血细胞遭物理损伤或被迫穿过狭窄通道而形成的红细胞碎片
    - 病因参见表 9.1
- 棘红细胞（图 9.3）
    - 棘红细胞是红细胞细胞膜脂质：胆固醇比率变化而产生的

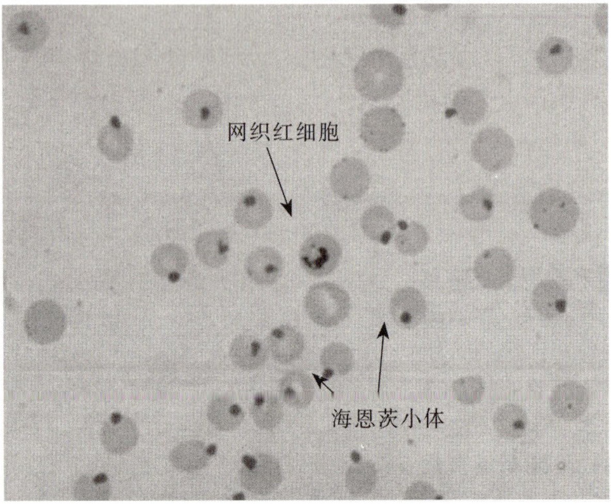

图 9.2　猫血涂片，示网织红细胞与多量海恩茨小体。新甲基蓝染色，经 Dr Balazs Szladovits 许可转载。

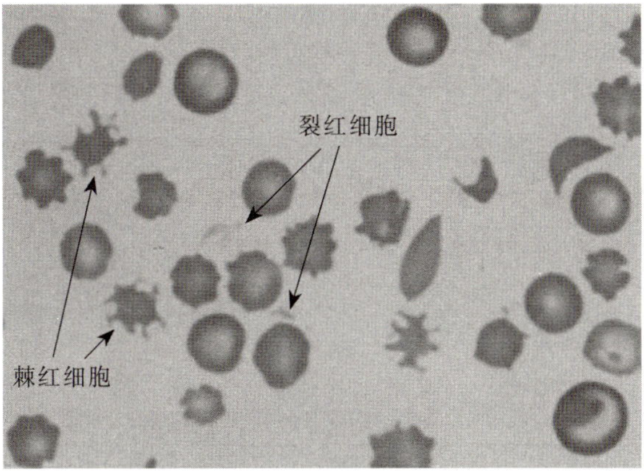

图 9.3 犬血涂片，示裂红细胞和棘红细胞，说明红细胞遭损坏撕裂。瑞氏染色，经 Dr Balazs Szladovits 许可转载。

细胞表面有棘状突起的红细胞
- 棘红细胞与下列疾病有关：
  - 血管肉瘤（尤其是发生于肝脏处的肿瘤）
  - 肾小球肾炎
  - 淋巴瘤
  - 肝脏疾病
- 海恩茨小体（图 9.2）
  - 从红细胞细胞膜内突出的圆形物体或胞浆中有折光性的圆点
  - 海恩茨小体来自氧化过程产生的变性沉淀的血红蛋白
  - 海恩茨小体降低红细胞柔韧性，可造成血管内溶血
  - 如海恩茨小体被脾脏移除，则可能表现为球形红细胞
  - 健康的猫血液内常存在少量海恩茨小体，但在犬则是疾病的征象
  - 可造成氧化损伤的毒素有：洋葱、蒜、扑热息痛、过量的

维生素 K_3、含对氨基苯甲酸乙酯（苯佐卡因）的局部麻醉药、锌及洁厕剂
  - 可能出现在接受过脾脏切除、结束糖皮质激素治疗以及发生严重脾脏功能障碍的动物中
- 豪焦小体（图 9.1）
  - 胞浆内的小体，为嗜碱性的细胞核残留物
  - 提示血细胞再生，或脾脏功能障碍，但在猫也可能只是正常存在物

表 9.1　裂红细胞的形成机制和相关疾病

被纤维蛋白链撕裂	微血管溶血性贫血 弥散性血管内凝血 血管肉瘤 肾小球肾炎 骨髓纤维化 溶血性尿毒综合征 脾肿大
血液湍流	充血性心衰 瓣膜硬化 犬心丝虫病腔静脉综合征 血管肉瘤
内部异常	慢性多柔比星中毒 严重缺铁性贫血 丙酮酸激酶缺乏 先天性和后天性红细胞形成紊乱

急性或再生性贫血的诊断方法

急性或再生性贫血只可能来自两种原因——发生出血或溶血，或者同时发生出血和溶血。表面上看，鉴别由出血造成的和由溶血造成

的贫血好像很简单，但它们常常会将兽医拖入严重的诊断困境。

提示出血或者溶血的线索包括如下：

- 临床症状
  - 发现外出血？
  - 发现内出血？
- 血浆蛋白浓度
- 发生自体凝集？
- 血浆外观——溶血？
- 血细胞再生程度
- 尿液
  - 血红蛋白尿？
  - 胆红素尿？

出血

因血细胞和血浆同时流失，急性出血初期 PCV 可能并不会发生变化。然而几小时之后，机体会重新平衡血浆容量，这时将可检测到明显的 PCV 下降。

急性出血尤其是外出血的同时，血浆蛋白含量往往会下降。如果发生急性贫血时动物的血浆蛋白处于正常范围的高位或者高于正常值，则相较于外出血，动物更有可能发生了溶血。如果存在外出血的证据，但动物的血浆蛋白却在正常范围的高限或高于正常，那么此时仍旧应考虑贫血状态同时来自溶血的可能。

慢性外出血（如胃部十二指肠溃疡、胃肠道肿瘤出血、钩虫等肠道寄生虫及严重的跳蚤吸血）所致贫血治疗效果中等，但最终会导致机体铁质缺乏。慢性消化道出血导致的贫血常常伴有轻度或中度的低蛋白血症。这种情况下血小板计数常常表现偏高、正常或轻度升高。

内出血尤其是腹腔内出血往往不易觉察。但与外出血相比，发生内出血时蛋白含量的下降幅度较小。因为这些蛋白尚存留在体内，并没有完全“丢失”，而出血后血浆中的蛋白水平也会较快升高。检测结果上，除非动物同时存在脱水状况，否则内出血的血浆蛋白浓度通常不会超过正常范围。

胸腔内的出血通常很快会导致急性呼吸功能受限而表现出特异的临床症状。而腹腔内出血则较难分辨，尤其是流入腹腔的血液迅速地被再吸收回血液循环的情况下（腹膜的表面积很大，吸收效率很高），因而对一些患犬（如恶性血管瘤患犬）进行腹腔穿刺可能并不能检测到几小时内新近发生的少量至中量的脾脏出血。

4 确定病灶性质

发现出血后应考虑的关键问题之一是：此出血是否由局部疾患所致（如外伤及肿瘤出血），还是由全身性疾病所致（如凝血障碍及高血压）。由此我们便可以判断具体疾病的性质——详细讨论请参见第十一章。

溶血

因铁质仍保存在体内并得到重复利用，溶血或内出血导致的贫血与外出血相比更容易表现出血细胞再生的征象。溶血可分为血管外（红细胞主要在脾脏网状内皮系统以及肝脏和骨髓遭到破坏）和血管内（红细胞在血管内破碎并释出血红蛋白）两种。大多数（但不是全部）血管外溶血的病例都会表现血清胆红素升高的现象，而临床上的黄疸症状却并不常见。因此，IMHA 等疾病导致的溶血绝不应仅凭临床上未见黄疸症状就予以排除。

血管内溶血的检测较为简单、直接。如果采血方式恰当，中度至重度溶血的血清在离心后仍为红色。另外，血管内溶血病患也通常会发生血红蛋白尿和黄疸。可通过离心尿样的方式鉴别血尿和血红蛋白尿，前者会获得清亮的血清层而后者离心后血清仍保持红色。

再生性贫血

4 确定病灶性质

溶血性贫血的病因

免疫介导性溶血性贫血（IMHA）

IMHA可能为原发（自发/特发性）或继发，如继发于用药或肿瘤——尤其是淋巴瘤。原发（特发性）疾病在犬比较常见。猫的IMHA则更多为由潜在病因如淋巴瘤或感染性疾病继发而来，但猫IMHA常表现为非再生性贫血。

微血管溶血性贫血

微血管溶血性贫血来自一种特殊的溶血方式——红细胞被迫通过扭曲的通道而遭到破坏，或因剪切力而受损（表9.1）

先天性溶血性贫血

特定品种的犬也可能因为先天性红细胞代谢缺陷而发生溶血性贫血，如丙酮酸激酶缺乏症（巴辛吉犬、西高地白㹴）和磷酸果糖激酶缺乏症（发生急性运动诱发性贫血的史宾格猎犬应考虑此病）。患犬通常在较年幼时便表现出临床症状。

感染性溶血性贫血

支原体病或称血巴尔通体病（常见猫血巴尔通体感染）是猫溶血性贫血的一个可能病因。需注意如猫血巴尔通体阳性猫不表现再生性贫血，则应寻找其他潜在病因。通常认为年龄较大的非纯种雄猫感染血巴尔通体的风险更大，但较年轻的猫更易表现出临床症状。因存在无临床症状的携带者猫，此病实际的感染规模不易统计。诊断时应主要依据PCR结果并参照其他临床信息进行解读，不可只凭血涂片镜检便下结论。支原体感染导致的贫血更常见于免疫力下降的猫只。

巴贝斯虫病导致的溶血性贫血与IMHA表现非常相似。在流行地区，此病常为导致溶血性贫血的最常见原因。而在非流行地区，问题的关键则是旅行史——如果犬曾经去往非流行地区（如英国）之外的区域，则有必要做PCR检查排除巴贝斯虫感染。

药物/毒物

磺胺类、青霉素类药物及甲巯咪唑都有可能导致溶血性贫血，以免疫介导性最为常见。扑热息痛会导致猫的溶血，而有报道表明锌在犬和猫均可导致的严重溶血。低磷血症则可能成为溶血的代谢性病因。借助病史（药物接触史）、生化检查及X线平片检查（检出含锌异物）可排除此类病因。

非再生性贫血

4 确定病灶性质

慢性病贫血

慢性病贫血是非再生性贫血最常见的原因。这种贫血在临床上通常危害不大，也无须治疗，然而却是存在潜在疾病的提示，并且应积极采取行动仔细寻找其病因。此贫血通常伴随感染性、炎性或肿瘤疾病发生，绝大多数时候程度较轻微（PCV 犬25%~36%，猫18%~26%），且细胞大小和染色都正常（如果病程过长也可能表现小细胞性及低染性）。基础疾病成功治愈时，此贫血也即痊愈。

慢性肾病

贫血通常在慢性肾病（CKD）较严重的阶段发生（国际肾脏权益

组织 IRIS 分期三期或四期），可借助肌酐、尿素氮及尿比重检查进行排除。

骨髓障碍

需考虑骨髓障碍导致非再生性贫血的征象如下：

- 红细胞通常大小正常，染色正常
- 血象常见其他特征如其他血细胞数量减少，如血小板减少，中性粒细胞减少
- 淋巴细胞减少也比较常见，常被解读为应激白细胞血象的表现之一
- 如果动物罹患白血病或骨髓发育不良，则可在血涂片中见到异常细胞

骨髓障碍包括以下几类：

- 感染性疾病——细小病毒病、泛白细胞减少症及埃里希体病
- 毒物损伤——雌激素和化疗
- 免疫介导损伤（单纯红细胞发育不全）
- 肿瘤——淋巴瘤、多发性骨髓瘤、肥大细胞瘤及白血病。肿瘤细胞与正常组织竞争空间和营养物质，并释放抑制因子。这种情况下导致的骨髓障碍称为骨髓痨
- 骨髓发育不良——骨髓中细胞的产生和成熟发生异常
- 骨髓纤维化——骨髓中正常的造血组织被纤维组织取代，病因不明

铁缺乏

铁缺乏是小动物临床比较少见的一种贫血病因。铁缺乏的表现并不完全符合区分再生性与非再生性贫血的一系列清楚明确的分类标准，因而很容易被忽视。它可能导致中度再生性贫血，也可能符合非再生性的特征。好在缺铁性贫血还有一系列比较特征性的表现，如：

- 小细胞血症（低 MCV）

- 红细胞着色不足（低 MCHC）
- 异形红细胞症
- 如果铁缺乏源自出血则还可能存在血小板增多

在猫的缺铁性贫血及犬缺铁性贫血早期，红细胞大小及染色可能均正常。小动物临床最常见的铁缺乏病因是慢性胃肠道失血。

本章总结

遇到可视黏膜苍白的病患，第一步便是确定发生的具体异常表现以及所涉及系统——外周血液灌注不足，还是贫血？一旦确认发生了贫血，则需尤其注意，只靠血象的各具体度数无法获得病况的全貌，观察红细胞形态对你逐渐辨明贫血的类型及可能病因至关重要。因此应将血涂片镜检作为贫血的常规检查手段，如果你和团队不具备精准读片的条件或技术，可将样本提交给外部实验室进行观察分析。

第十章 黄疸

Jill E. Maddison
英国皇家兽医学院临床科学与服务系

黄疸是一种比较常见的临床症状，但动物主人有时并不能察觉其存在，反而常常是兽医在对表现不适的动物进行查体时发现这一症状。兽医也可能经血常规或生化检查发现黄疸。黄疸的诊断思路简单明了，但查明并确诊潜在的病因却常常颇有难度。

1 界定异常表现

黄疸是胆红素水平升高导致的机体组织黄染的一种表现。正常的肝脏从血液循环中摄取并排泄胆红素的能力很强。因此，只有当生成的胆红素量大幅持续升高，或者胆红素排泄出现严重障碍时，机体才会表现出黄疸。对黄疸相关的异常表现的界定重点不在于将其与易混淆的其他异常加以区分，而在于通过彻底详尽的临床查体以避免漏诊。眼巩膜、可视黏膜及无色素沉着的皮肤是较易发现黄疸的部位。犬猫的巩膜在对其面部进行总体观察时经常被眼睑等结构遮挡而不易检查，因此在查体过程中应有意查看巩膜。另外，即便动物外观上并未表现出黄疸，血清胆红素水平升高仍代表存在此异常表现。

黄疸的生理学基础

胆红素主要由衰老的红细胞中的血红蛋白在脾脏、肝脏、骨髓和淋巴结的网状内皮系统中分解而产生，另有少量来自肌红蛋白及含血红素的肝脏酶类。每个血红蛋白分解成一个蛋白分子和一个亚铁血红素分子（含铁卟啉）。铁质从血红素中释放出来，储存在网状内皮细胞中或用于生成新的血红素分子。而原先这个血红素分子的剩余部分则转化为胆绿素，进而转化为胆红素。

胆红素与白蛋白紧密结合经血流运送至肝脏，称为非结合胆红素。非结合胆红素不溶于水，无法经肾小球滤过或由肾小管排泄。

犬（尤其是雄犬）的胆红素再吸收阈值较低，它们的肾脏酶系统有一定的产生结合胆红素的能力。因此，正常犬的尿液在比重大于1.025时可能发生轻度的胆红素尿（2+以下）。与此相反，猫肾不具备产生结合胆红素的能力，而其重吸收阈值也高于犬9倍之多，因此猫只会在疾病状态下才会排出胆红素尿。

在肝脏中，胆红素在肝细胞中成为结合胆红素后排泄入胆管，并进一步经胆总管排入肠道。整个胆红素代谢过程的完成速率主要受排泄阶段左右，一旦出现大量需要处理的胆红素，也通常是这一阶段最先出现超负荷的迹象。

结合胆红素可溶于水，可透析并经肾脏滤过——因此它们有可能出现在尿液中。通过胆管排泄入小肠的结合胆红素在结肠细菌的作用下转化为无色的尿胆素原，并进而被氧化为橙色的尿胆素。

部分尿胆素原经小肠再度吸收进入肝肠循环，并经胆管再次排泄，还有少部分（约5%）经尿液排泄。留存在肠道中的尿胆素原被转化为粪胆色素原，进而氧化为粪胆色素，并使粪便染上正常颜色。胆红素代谢途径参见图10.1。

黄疸病因

3 判断所涉及的系统及病灶位置

我们在本书中一直沿袭的、针对异常表现“判断所涉系统进而定位病灶”的方法在理论上是适用于黄疸这个异常表现的，但实际操作上，同时判断系统和病灶位置将会更加直接简便一些——要想解决所

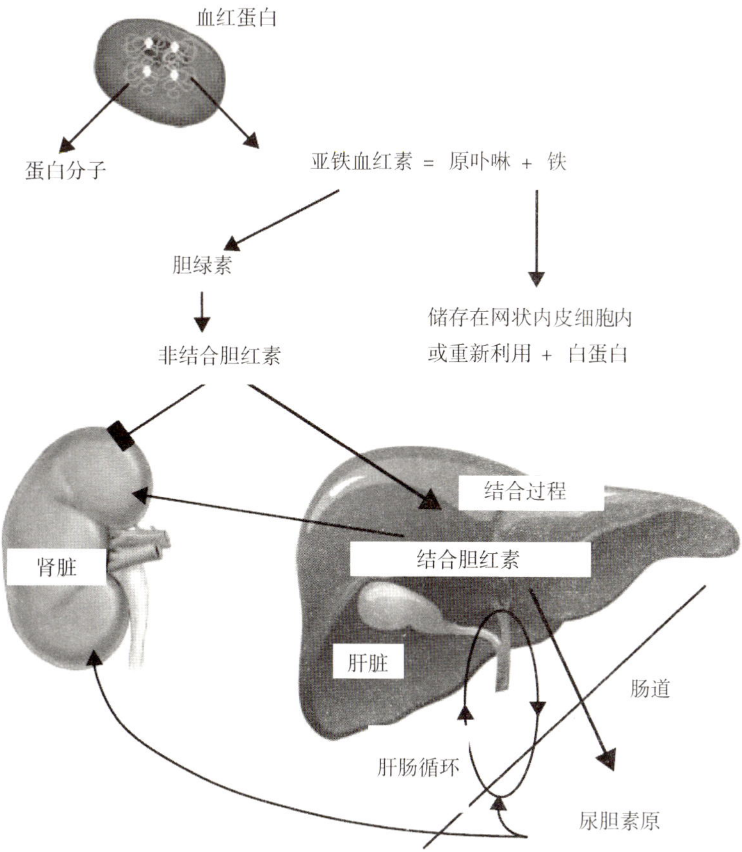

图 10.1 胆红素代谢途径

涉系统的问题，我们首先便需要判断黄疸究竟来自造血系统的病因还是肝胆系统。因而将判断系统和定位两步思考结合之后，我们要思考的问题是——黄疸究竟来自肝前、肝脏，还是肝后代谢机制？造血和肝胆系统的病因相较而言比较容易鉴别，而真正的难点在于分辨肝性和肝后性病因所导致的黄疸。

肝前性黄疸

当大量红细胞发生溶血，产生的大量胆红素超过肝脏的结合能力，于是以非结合胆红素为主的胆红素开始出现在血清中，这时肝前性黄疸便发生了。

不过，几天之后，肝细胞超负荷排泄胆红素及缺氧等原因会导致肝脏损伤，发生结合胆红素血症，此时血液中出现与非结合胆红素等量的结合胆红素。另外，如果红细胞溶血程度严重到超出肝脏处理能力，发生肝前性黄疸，那么患病动物同时也通常会表现明显的贫血症状。假设骨髓有足够时间做出反应，并且动物并未罹患免疫介导性溶血性贫血，血液中不存在抗红系前体细胞或抗成熟红细胞的抗体，那么这种溶血性贫血应表现再生性的特征。

另一方面，发生严重内出血（而非外出血）之后，也可能出现黄疸。虽然这种情况下红细胞经腹膜等结构重新吸收回血液循环（自体输血）时通常保持了形态完整性，但内出血仍旧可能导致红细胞破碎，并超出肝脏对胆红素摄取、结合和排泄的处理能力。黄疸并非内出血常见的继发症状（虽然有时候生化结果可能显示血清胆红素水平出现些许升高），但在检查贫血动物，尤其是那些同时发生低蛋白血症的病患时应考虑到这种可能。

4 确定病灶性质——肝前性黄疸

有关溶血性贫血发生原因的详细讨论请参见第九章，其中大致包括如下几类情况：

- 免疫介导性溶血性贫血
- 微血管病变性溶血性贫血
- 感染性病因
- 中毒性病因
- 少数情况下，由内出血导致的溶血（见上文）

肝性黄疸

肝性黄疸伴随肝细胞相关疾病发生，造成结合胆红素血症（肝细胞排泄胆红素的功能受损）及非结合胆红素血症。在这类黄疸发生之前，肝脏疾病便应已经发生并且达到了一定的严重程度。相较损伤肝小叶中心部分细胞的疾病，主要波及门静脉周围肝细胞的肝脏疾病更容易引发肝性黄疸。

4 确定病灶性质——肝性黄疸

为判断导致黄疸的肝脏疾病类型，通常需要肝脏活检。

导致黄疸的犬肝脏疾病包括胆管肝炎、细螺旋体病和肿瘤（尤其是淋巴瘤）。炎性肝病常不像使猫发生黄疸一样频繁地造成犬黄疸。因为犬的炎症过程主要发生于肝实质，而猫则几乎必然涉及胆管系统。

比起犬，胆管肝炎更常发于猫，其程度不一，可能为急性、慢性化脓性（中性粒细胞性）或非化脓性（淋巴细胞性）炎。其他可能导致黄疸的猫肝脏疾病包括猫传染性腹膜炎（FIP）及肿瘤。脂肪肝导致黄疸在北美洲多见报道，但在其他地区较不常见，虽然已有证据表明此病在一些国家的发病率持续上升中。

肝后性黄疸

肝后性黄疸伴随胆道疾病发生。

4 确定病灶性质——肝后性黄疸

肝后性黄疸的发生通常缘于肝内胆管或胆总管的堵塞。

许多致病机制均可能造成肝内或肝外胆管堵塞，例如：

- 中毒性或感染性肝炎
- 胰腺疾病
    - 例如胰腺炎、胰腺癌、胰腺脓肿

- 浸润性或占位性病灶（脓肿或肿瘤等）
- 胆汁淤积
- 胆管破裂
- 胆管在十二指肠的开口处发生堵塞
    - 如胃肠道肿瘤或异物

虽然有时需要开腹探查才能最终确定病灶性状，但腹部超声扫查仍不失为确诊肝后性堵塞的有效手段。胆管破裂（外伤性或病理性）常导致轻度至中度黄疸（取决于时间长短、原因和基础疾病）及腹腔积液。腹腔积液中胆红素含量常高于血清含量。胆汁刺激性非常强，一旦漏入腹腔将迅速造成化学性腹膜炎（胆汁性腹膜炎）。

黄疸的非肝脏病因

炎性因子影响胆红素转运，于是败血症或重度炎性疾病的病患也有可能出现胆红素水平升高的现象，甚至发生明显的黄疸症状，这一情况在猫尤为常见。一部分甲状腺功能减退患猫可能出现轻度高胆红素血症（但并不表现明显的黄疸），原因可能与这些猫的肝血红素蛋白降解增加有关。发热和饥饿的猫也可能出现轻度高胆红素血症，但外在不表现黄疸。

黄疸病因的鉴别

肝前性黄疸

肝前性黄疸患病动物同时会发生明显的再生性贫血，因而容易与肝性及肝后性黄疸相鉴别。同时这些动物的肝酶也可能发生轻度至中度增高（可能源于肝损伤），但最主要的特征仍为再生性贫血（且无出血迹象。需注意严重肝细胞疾病会导致凝血功能障碍）。

肝性与肝后性黄疸

黄疸的肝性与肝后性病因较难鉴别。虽说只出现结合胆红素血症的动物可以基本诊断为肝后性黄疸，但绝大多数情况下肝性及肝后性黄疸的动物既发生结合胆红素血症，又存在非结合胆红素血症。另外，肝后性阻塞也可导致继发性的肝细胞损伤。而正如前文所述，在原发性肝细胞疾病中胆红素排泄功能往往首当其冲地受损。

临床症状

对于一些病例来说，最佳鉴别方式是判断动物表现出的不适程度。总的来说（例外情况始终存在），如果动物出现黄疸但状况尚可，则肝后性疾病的可能性较大。严重到产生黄疸的肝细胞疾病通常也会导致其他一系列肝病特异性的临床症状。然而，不管是肝后性疾病还是肝细胞疾病，动物来院时都有可能出现明显甚至极其严重的不适，这取决于具体的潜在病因。

血清酶学检查

血清酶学检查（谷丙转氨酶 ALT，碱性磷酸酶 ALP）并不总是能在鉴别肝性及肝后性黄疸时助你一臂之力。肝后性阻塞几乎无一例外地造成继发性肝损伤，于是 ALT 和 ALP 都将升高。肝内和肝外性胆汁淤积也都会使 ALP 升高，因而无法借此区分肝性和肝后性病因。不过，如果 ALT 出现大幅升高（>1 000 单位 / 升）而 ALP 只发生轻微或中等程度的升高（<500 单位 / 升），则提示存在肝实质病变。

血清胆汁酸检查

血清胆汁酸检查常用来在其他检查结果不相上下、无法区分时确定肝脏疾病。但在黄疸病例上，当你已经通过血象排除了肝前性病因，并通过白细胞计数结合临床症状排除了败血症之后，胆汁酸也无法帮你在鉴别肝性和肝后性病因上更进一步，更不要说区分是哪一类肝脏疾病。

胆汁酸的排泄与胆红素排泄无关，也不受其影响，因此对因溶血（即肝前性病因）而发生黄疸的动物可以用胆汁酸水平来判断其肝脏状态，对疑似因败血症或炎症而发生黄疸的动物也可有类似应用。

影像学检查

影像学检查可显示胆管是否阻塞，肝实质是否出现浸润性病变，因而是鉴别肝性与肝后性病因的有效方法。不过很多情况下超声扫查并不能区分病变组织的性质（如炎性、感染性、肿瘤或中毒性等），而 X 线平片在鉴别黄疸病因方面并无作用。

非肝性病因

虽然不是毫无例外，但导致黄疸（胆红素水平通常低于 50 微摩尔 / 升）的非肝性败血症或严重炎性疾病通常伴有其他与炎症相关的临床症状或临床病理学表现。如果胆红素水平高于 50 微摩尔 / 升，那么几乎可以断定病因来自肝胆系统（假设动物没有出现贫血）。但当胆红素水平在 50 微摩尔 / 升以下，而且动物还发热或者表现炎症白细胞血象，不要急于下结论认为病灶必定在肝胆系统之内。

为何鉴别肝性和肝后性黄疸很重要？

我们之所以重视对原发性肝细胞疾病和肝后性阻塞的鉴别，是因为肝后性阻塞有可能通过手术进行修复，而对于原发性肝细胞疾病而言手术通常只用来采取活组织检查样本，而且活检样本常常可以通过其他途径进行（如超声引导的经皮肤穿刺或内窥镜）。

肝后性阻塞的手术修复要求极高的专业技术，因而当你自身的技术和条件不足以实施诸如胆囊空肠吻合术这样高难度的手术时，有必要考虑求助相关外科专家。

本章总结

黄疸是一种可能经临床查体或实验室检查发现的临床症状。黄疸一旦出现，往往说明动物体内存在严重的疾病。病灶的位置可能在造血系统（溶血）、肝脏、胆道或肝胆附近的结构如胰脏。严重的炎症或败血症也可能导致黄疸。合理的诊断思路应包括对相关病生理原理的了解，并需要意识到肝性和肝后性病因的鉴别难度以及采取多种手段进行诊断的必要性。

第十一章　出血

Jill E. Maddison
英国皇家兽医学院临床科学与服务系

出血是一种可能危及生命的临床症状，因而通常需要及时进行检查及处置。像其他临床症状一样，为避免忽略重要的鉴别诊断可能，有必要以条理清晰的方式进行诊断思考。对出血的生理原理有一定理解也很重要，这尤其有助于解读临床病理指标。本章我们将讨论三个主要部位的出血症状，但其中的思考要点可适用于任何部位发生出血的病例——毕竟判断症状来自局部性还是全身性病因，比具体出血部位重要得多。

针对出血病患的诊断思路

1 界定异常表现

有些部位的出血易与其他病状相混淆，你可能需要首先判定“流出的是不是血液？”（如红尿症）或者“是不是病理过程？”（如黑粪症）

鼻衄

鼻衄即鼻部出血。这个部位的出血一般不需与其他症状相区分就可界定为主要异常表现，唯一需要注意的是确认血液确实来自鼻腔而不是鼻部周围的皮肤（后者一般为局部外伤或皮肤疾患所致）。

黑粪症

黑粪症是经消化后的血液出现在粪便里使粪便呈黑色柏油样的现象。黑粪症可以通过实验室检查在粪便潜血进行判断。对黑粪症病例，血液的来源是判定重点：例如动物的日粮是否包括大量肉类（因此有必要了解详尽病史）或曾经吞食血液——口腔/鼻腔出血、是否曾咯血后吞咽入消化道，或者舔舐出血的伤口。

红尿症

血尿、血红蛋白尿、肌红蛋白尿，甚至摄食甜菜根（甜菜尿）都会使尿液呈红色。因此对于主人描述“尿里有血”的动物，首先应采取的重要措施便是确认尿液红染的原因是其内含有红细胞。

参考临床症状可能有助于鉴别（详见下文），另一个简单的方法是将尿样离心并检查沉渣和液层。非血尿（即“假血尿”）时，离心后的液层依然红染。尿液试纸不能用于红尿症的鉴别，因为它无法区分破碎释放血红蛋白的红细胞，真正散在的血红蛋白和肌红蛋白。

2 判断所涉及的系统

任何部位的出血现象包括鼻衄、黑粪症和红尿症都有可能由局部疾患或者全身性疾病造成——两者相应的诊断手段和可能的病因截然不同，因此区分这一点是诊断的关键。造成出血的全身性疾病有凝血障碍、高血压、红细胞增多症、高黏滞度综合征及全身性血管炎。

4 确定病灶性质

接下来我们先讲解局部疾患的特征性症状，再对全身性的凝血障碍进行详细探讨。

局部疾患

鼻衄

可造成鼻衄的局部疾患有以下几类：

- 肿瘤
- 炎性 / 感染性疾病
  - 免疫性或过敏性鼻炎
  - 真菌感染
  - 局部血管炎
- 严重牙病，如根尖脓肿
- 外伤
- 异物

诊断线索

局部疾患和全身性疾病的诊法与疗法均大不相同，因此我们首先需要在病史和临床查体结果中寻找得以区分二者的线索。

出血部位

有必要对除鼻腔外其他部位（黏膜、皮肤、视网膜、尿液、粪便）是否存在出血现象进行详细检查。另外还有鼻衄的出血方式，单侧或双侧出血也可以提供有用信息——凝血障碍作为全身性紊乱通常不太可能造成仅单侧鼻腔出现血性分泌物，然而此刻下结论为时尚早。

鼻分泌物的性状

肿瘤、真菌感染和异物常常导致黏脓性分泌物及血性分泌物。另外主人可能曾观察到动物打喷嚏（更可能出现在局灶性疾病中，虽然全身性疾病也有可能导致喷嚏）。

鼻腔检查

导致出血的局灶性疾病可能会导致鼻腔内黏膜肿胀、鼻孔内溃疡

（真菌疾病）、鼻腔结构变化，或在 X 光下显示鼻中隔移位或损伤的表现。

如果动物只出现鼻衄，并无黏脓性分泌物、肿胀、疼痛或喷嚏等其他症状，那么即便身体其他部位没有发现出血迹象（这种情况比较少见），此时也有必要考虑凝血障碍的可能性。

鼻部疾患的诊断方法

如果怀疑鼻局部疾病导致出血，而又缺乏进行 CT 检查或转诊进行 CT 检查（详见下文及第八章）的条件，则应使用强力鼻内冲洗或鼻内吸引，以及影像学手段（上颌位投射——底片置于口腔内）辅助诊断，条件允许的情况下还可选择鼻镜检查。不过，严重口腔疾病也可能造成血性 / 黏脓性鼻分泌物，因而在进行鼻内检查之前应首先予以排除。

鼻腔的手术探查操作复杂且创伤性大，应尽量避免。对鼻局部疾患的诊查思路可参考以下要点：

- 真菌感染或肿瘤导致的鼻出血较为常见。其中曲霉菌病在许多国家都是最常见的真菌病原，而常见肿瘤则包括腺癌、鳞状细胞癌、淋巴肉瘤、纤维肉瘤、软骨肉瘤、血管肉瘤及骨肉瘤
- 硬质导管较适宜用来进行鼻腔活检 / 冲洗，操作时应将管尽量深地送入鼻腔。可在插管前预先量好外鼻孔至额窦的长度，并将一根大管径硬质尿管截短至该长度或在相应位置做好记号。生理盐水轻柔冲洗常常不能获得足够的样本，因而必须进行强力吸引
- 仅包含上颌部分的 X 线平片才有较高诊断价值，因而需要口腔内 X 线检查或者腹背侧张口位投射。具体影像表现上，真菌感染和肿瘤都有可能导致鼻甲及鼻中隔缺损，而鼻中隔偏曲则通常为肿瘤所致
- CT 扫查对鼻部疾病所致鼻衄的诊断有极大助益，因此如有可

能，在选择上述诊断手段之前应优先考虑进行 CT 检查

黑粪症

胃肠道溃疡或凝血障碍都可能导致动物出现黑粪症。如果是后者，则动物的胃肠道中通常不会出现明显的溃疡，因而不应使用抗溃疡药进行治疗。

胃肠道溃疡导致的黑粪现象可能来自原发胃肠道疾病［（肿瘤、寄生虫病（如钩虫）以及异物］或继发性胃肠道疾病导致的溃疡（如肝病、肥大细胞瘤、胃泌素瘤、非甾体消炎药中毒及肾上腺机功减退）。因此，不应仅凭黑粪症状便草率判断病因为原发胃肠道疾病。即便动物同时呈现呕吐症状也不可轻易下结论，因为继发性胃肠道疾病导致的溃疡也可能使动物发生呕吐（详见第二章）。忽视上述可能性可能会误导你采用不恰当的检查手段（例如内镜检查）而耽误诊断。

血尿

与其他部位出血的情况类似，血尿虽然大多数情况下来自局部性疾病，但也有可能由全身性疾病所致。

局部疾病

可致血尿的局部性疾病如下：

- 尿路结石
- 肿瘤
  - 膀胱肿瘤（移行细胞癌最为常见）
  - 肾盂肿瘤
  - 息肉
- 炎性 / 感染性疾病
  - 细菌性膀胱炎
  - 前列腺炎

    - 间质性膀胱炎（猫）
- 特发性疾病
    - 特发性肾出血
- 血管病变

诊断线索

下泌尿道的炎性疾病常伴发排尿困难或尿频症状。如果动物在发生血尿的同时并没有出现排尿困难或尿频，则应考虑（任何原因导致的）肾或输尿管出血、膀胱肿瘤、息肉或全身性凝血障碍的可能。

依据具体排尿过程推断具体出血位置也可能有助于诊断。

- 如血液出现在排尿初期，可考虑下泌尿道——膀胱颈、尿道、前列腺、阴道、外阴、阴茎或包皮的疾病
- 前列腺炎患犬可能经常出现与排尿无关的、经泌尿道滴血的症状
- 如血液出现在排尿末期或贯穿全程，则应考虑上泌尿道——膀胱、输尿管或肾脏疾患

诊断方法

尿检是鉴别局部性疾病导致的血尿的常规手段，可根据情况搭配细菌培养和药敏试验、影像学诊断的等辅助检查。如果这些方法都无法查明病因，且已经排除了凝血障碍，则可能需要采取手术探查的方法寻找病灶。

全身性凝血障碍

为正确理解并诊断全身性凝血障碍，有必要首先明晰凝血的正常生理过程。

血管壁受损后，血管内会发生一系列反应以修复损伤。血栓形成过程涉及一系列相互依存的因子，其中任何一环出现异常均有可能导

致凝血功能障碍。

我们通常认为主要有三个系统（血管壁、初级止血系统和次级止血系统）参与了血管损伤的修复。这套凝血机制的经典理论是各种常用临床凝血功能检测手段的理论基础，但它并不能完美解释凝血功能障碍的全部临床表现（如临床上我们常常会发现凝血因子Ⅻ缺乏并不会导致严重后果，但如果是凝血因子Ⅶ缺乏，则动物会表现严重凝血障碍）。有鉴于此，一套替代的，或“基于细胞的”理论也被用来解释凝血机制。读者如有兴趣，可以自行寻找参考资料对相关生理及病生理研究成果进行更深入的了解。

如图 11.1 所示，血管受损后，初级血栓的形成需要血管壁功能、血小板功能及凝血级联反应的共同参与。图 11.2 展示了基于经典理论的凝血级联反应过程。

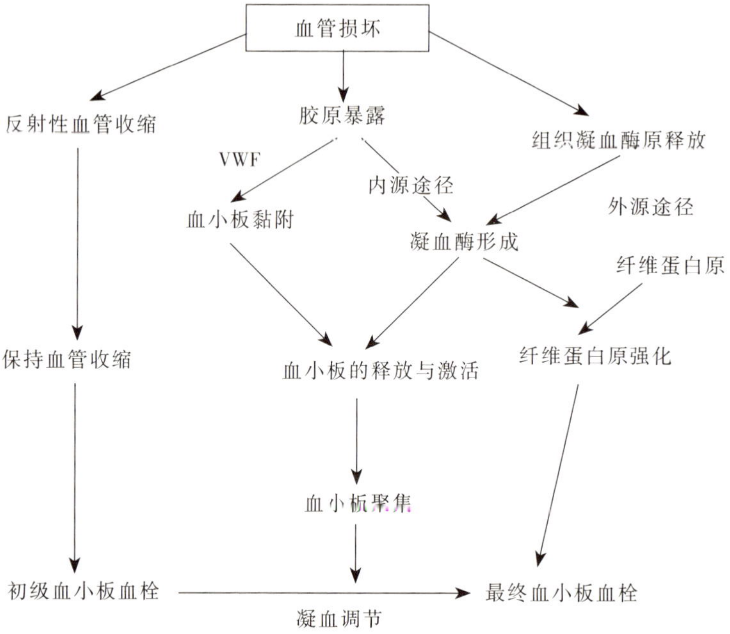

图 11.1　血栓的形成过程

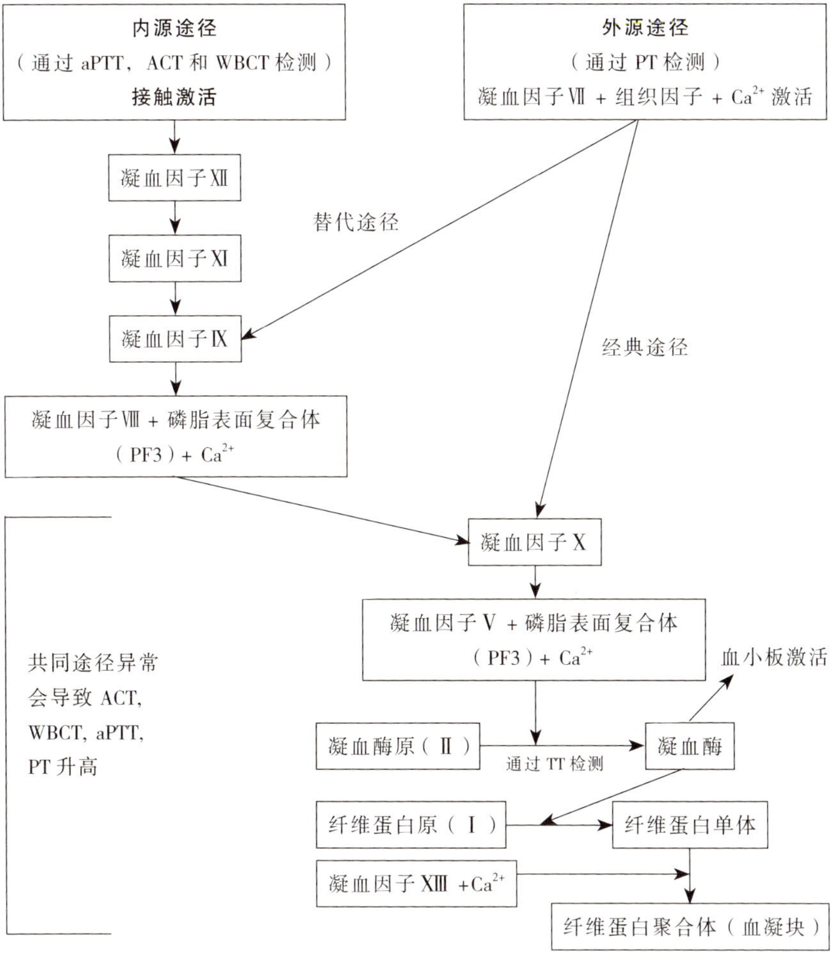

图 11.2 凝血级联反应及检测方法

出血的原因

下列原因较可能导致出血：

- 血管壁病变
  - 外伤

    - 血管炎
- 血小板数量减少
    - 血小板减少症
- 血小板功能异常
    - 血管性血友病（vWF）因子缺乏
    - 血小板激活及凝集障碍
- 外源性或内源性凝血级联反应异常
    - 甲型及乙型血友病
    - 维生素K异常
    - 弥散性血管内凝血（DIC）

另外，高血压、高黏血症等疾病亦可加剧漏出性出血倾向，并扰乱血小板功能。

凝血功能障碍的诊断

表11.1总结了不同凝血障碍中凝血功能测试结果的相应变化。

临床症状

- 黏膜表面出血，例如瘀点，是血小板数量减少或功能异常的常见表现
- 与之相反，各种病因导致的凝血因子缺乏则更可能导致深部组织的瘀斑及体腔出血
- 血管炎也可导致瘀点

血小板计数

诊断凝血功能障碍，应首选检查血小板计数。一些外部检测实验室只在特别要求的情况下才对血样提供血小板计数服务，因此如果你怀疑动物患有凝血功能障碍，别忘了特别叮嘱实验室进行血小板计数。

医院内常备的常规血液分析仪有时候并不非常准确，以防万一，

作为兽医你应熟练掌握在血涂片上进行血小板计数的技术。通常血小板的正常数量是油镜（×100）下每视野 8~15 个。出血往往发生于血小板数量低于 50×10^9 个 / 升（常见的情况是低于 30×10^9 个 / 升）时，对应的镜下计数结果大概是油镜下每视野 3~4 个。如果在血膜尾端可见血小板成团聚集，那么动物的血小板数量应足以维持凝血功能。

表 11.1 各凝血障碍对应的检查结果变化

出血疾病	凝血功能检查
内源途径障碍（如甲型血友病）	激活凝血时间（ACT）延长 全血凝固时间（WBCT）延长 活化部分凝血活酶时间（APTT）延长 凝血酶原时间（PT）正常
外源途径障碍（如乙型血友病）	凝血酶原时间（PT）延长 活化部分凝血活酶时间（APTT）正常
共同途径障碍或多因子障碍 - 遗传性共同途径缺陷（凝血因子 II/X 缺乏） - 后天性多因子缺乏（DIC，肝脏疾病） - 维生素 K 紊乱（华法林中毒、维生素 K 吸收障碍、肝脏疾病、德文帝王猫凝血疾病）	激活凝血时间（ACT）延长 全血凝固时间（WBTT）延长 活化部分凝血活酶时间（APTT）延长 凝血酶原时间（PT）延长 在弥散性血管内凝血中，除上述检查外，凝血酶时间（TT）也会出现异常，并可检测到纤维蛋白分解产物
温韦伯氏疾病（血管性血友病因子疾病）	全血凝固时间（WBCT）、激活凝血时间（ACT）、凝血酶原时间（PT）、活化部分凝血活酶时间（APTT）通常正常； 颊黏膜出血时间（BMBT）和血块回缩实验延长
后天性或先天性血小板功能障碍	颊黏膜出血时间（BMBT）和血块回缩实验延长

颊黏膜出血时间检查

颊黏膜出血时间检查较易操作，但要想获得有效的结果，需注意在上唇内颊黏膜上做一恰当长度的切口，并密切观察血凝块的形成。建议使用市面上商品化的颊黏膜出血检测套件（如手吉卡®）。通常认为出血时长 2~4 分钟为正常。颊黏膜出血时间可用来粗略筛查血小板异常，而对发生血小板功能障碍（如血管性血友病）的动物，此方法常常是可确定出血倾向，又简单易实施的唯一手段。

全血凝固时间（WBCT）

全血凝固时间是检测内源性凝血途径及共同途径的一种粗略的方法。（玻管法中）玻璃表面可触发内源性凝血过程，而血小板则提供了必需的磷脂。

将 1~2 毫升血液置于有盖玻璃管内，每 30 秒倒转管体一次，当血液不再沿管壁流动时计为全血凝固完成。塑料管触发凝血过程的能力较差，因而塑料注射器不适合用来测定 WBCT。

正常犬血在室温下的 WBCT 为 6.1 ± 0.2 分钟。当内源性凝血途径和共同途径发生障碍，或者动物发生严重的血小板减少时，WBCT 将延长。

激活凝血时间（ACT）

测定激活凝血时间时需将 2 毫升全血加入放有硅藻土（一种惰性表面激活物）的管中。ACT 异常提示凝血途径障碍，尤其是内源性及共同途径障碍。ACT 无法用于测试血小板数量或功能，但因为凝血级联反应的触发依赖血小板第三因子，严重血小板减少（计数低于 10×10^9 个 / 升）可能使 ACT 延长。

相比室温，ACT 检测在体温（38℃）下可重复性更高。因此进行 ACT 检测时最好使用加热块或水浴控制温度，如果条件不允许，也可以将试管握在掌心，以维持较理想的温度。

ACT是一种灵敏度较低的检测方法，因而常常无法检出轻微的次级凝血系统障碍，而出现ACT延长则说明凝血障碍已较严重。活化部分凝血活酶时间（APTT，见下文）与ACT检测的凝血途径相同，而敏感度较高，因此动物有可能出现APTT延长但ACT正常的情况。

活化部分凝血活酶时间（APTT）

（APTT）检测内源性及共同凝血途径。枸橼酸钠抗凝血中加入凝血因子Ⅻ激活物（高岭土或硅藻土），及用于代替血小板磷脂的脑磷脂，并在加入钙离子后开始计时至纤维蛋白生成为止。当某一凝血因子缺乏时，APTT出现延长通常意味着缺乏量高于30%。

凝血酶原时间（PT）

凝血酶原时间常用于检测外源性凝血途径。方法是：抗凝血浆中加入凝血活酶及脑磷脂的混合物，并检测形成纤维蛋白的时长。凝血活酶混合物中含有磷脂，因而此测试结果不受血小板功能的影响。PT可灵敏检测华法林中毒或凝血因子Ⅶ半衰期缩短相关的维生素K缺乏症。

凝血酶时间（TT）

凝血酶时间测定的是加入凝血酶溶液后凝血酶原与之发生的反应。这一检测不受内源或外源凝血途径的影响。当发生导致低纤维蛋白血症或异常纤维蛋白原血症的疾患（如DIC，肝脏疾病）时，TT将延长。另外，凝血酶抑制剂如纤维蛋白水解产物或肝素也可导致TT延长。

血管性血友病（vWF）因子

为检测vWF水平，抗凝血浆需在分离红细胞后立刻置于塑料管内冷冻处理，然后使用ELISA方法进行检测。

血小板功能

多种方法可以用来检测血小板功能，如血块回缩（Clot retraction）试验——可委托商业实验室操作的一种较简便的方法。

在条件有限的医院内可以进行下面这种血小板功能的粗略检测方法：将血样加入玻璃试管内静置4~6小时，测量管内血凝块的高度并与静置前血样总高度相比较来评估血块回缩状况。静置4~6小时后，正常血凝块应与血清分离，体积回缩至静置前血样总体积的约50%。当血小板功能发生障碍或出现明显血小板减少时，血块回缩程度将下降（因此这一测试需要在排除血小板减少症之后进行）。

凝血检查的质量控制

凝血检查的结果可能会受到多种因素的影响。例如动物兴奋可使血样中血小板数量增加，血小板聚集加重，并使凝血因子Ⅴ、Ⅷ、血管性血友病因子以及纤维蛋白原的水平升高。

用于进行凝血检测的血样通常会按1份枸橼酸钠+9份血液的比例采集入枸橼酸钠抗凝管内。抗凝管材质可为塑料管或经硅化的玻璃管（需注意大多数玻璃收集管并没有经过硅化处理）。而检测血管性血友病因子时血浆应在离心后使用塑料滴管或塑料注射器收集入塑料试管中。

过量枸橼酸钠会降低血液中钙含量，使纤维蛋白形成减缓从而延长凝血时长。而在使用了标准的1∶9的情况下，如动物存在红细胞增多症，其血浆也会发生过度枸橼酸化。更重要的是，如果在贫血血样中以1∶9的比例抗凝，动物血浆会枸橼酸化不足——建议针对这些情况与你委托的检测实验室讨论具体应对方法。

总的来说，当血样的凝血用时比对照组长超过33%时，可认为凝血时间明显延长。当依据给定的参考值范围进行判断时，需注意从统计学角度有5%的正常个体测定值会落在参考范围之外（参考范围上、下限为平均值 ±2倍标准差），因此对仅轻微偏离参考值范围的检测结果需要格外谨慎地进行判读。凝血时间缩短的情况无临床意义。

凝血障碍的病因

凝血障碍的常见病因如下：

- 免疫性血小板减少症（ITP）
- 血管性血友病
- 药源性血小板功能障碍
- 毒鼠药中毒
- DIC
- 脉管圆线虫病（在本病流行区内）

相对少见的病因如下：

- 遗传性血小板功能障碍
- 遗传性凝血因子缺乏症
- 维生素 K 吸收障碍
- 获得性血小板功能障碍

血小板减少症

血小板减少症可能来自以下原因：

- 血小板异常生成
- 血小板过度消耗
- 血小板过度破坏
- 感染性病因（常由多种机制共同导致）

除非同时发生血小板功能障碍，否则在血小板数量大幅低于正常水平［往往低至 30×10^9 个 / 升及以下，参考范围（200~400）$\times 10^9$ 个 / 升］之前，机体通常不会因血小板减少而发生出血。而鉴于急性失血也会导致血小板减少，不应过度解读计数略低于参考范围下限的情况，因为那可能是出血的后果而非原因。不过仅凭出血本身通常不会使血小板计数下降至低于 50×10^9 个 / 升。

生成异常

血小板在骨髓的异常生成可能与下列情形有关：

- 原发骨髓疾病如骨髓痨（造血组织被肿瘤或炎症组织取代）
- 药物如雌激素及细胞毒性药物可能抑制血小板生成。其他还有一些会造成血小板减少，同时可能造成贫血和/或中性粒细胞减少症的药物。总的来说，致骨髓衰竭而影响血小板生成的物质通常也会抑制其他血细胞生成。但雌激素中毒早期的血象是个例外，这一时期中性粒细胞反而会增多（但其后会发生中性粒细胞减少）。存在可导致血小板减少症的，由睾丸或卵巢肿瘤导致的内源性雌激素中毒，但极其罕见
- 猫的反转录病毒（FeLV，FIV）感染可导致血小板减少。如患猫没有药物接触史，应考虑发生这些疾病的可能

破坏过度

血小板破坏过度常与免疫过程有关。免疫性血小板减少症（ITP）是犬血小板减少症最常见的病因，但在猫却很少见。ITP可能是由活疫苗免疫或药物引发的原发性自身免疫疾病，也可能继发于肿瘤等基础病。内毒素血症及败血症也可导致血小板破坏过度。

ITP的确诊比较困难，需要检测血小板第三因子（许多动物医院不具备检测条件，且检测结果通常为阴性），检测抗血小板抗体（许多动物医院不具备检测条件）和/或进行骨髓检查（表现巨核细胞成熟停滞）。不过在犬，如果可以借助病史排除雌激素中毒，患犬无相关用药史，未进行可能致病的疫苗免疫，未检出可能导致DIC的基础病（或已通过常规凝血检查排除），未处于感染性疾病流行地区，且血小板计数显著低于可致出血的水平（30×10^9个/升），则一般可凭血象确诊ITP。而在猫，免疫介导的血小板破坏很少导致血小板减少，故而应首先针对FeLV和FIV感染及其他可能病因进行详尽的检查排除。

消耗过度

血小板的过度消耗发生于弥散性血管内凝血过程中。DIC是血管内凝血机制激活以及纤维蛋白水解的共同结果，当机体内多个器官同

时发生广泛凝血，血小板和凝血因子遭到大量消耗，直至严重缺乏，另外积累的纤维蛋白降解产物也影响血小板功能。

微血管病也可导致血小板过度消耗或遭受隔离，而造成血小板减少（此病与溶血性贫血相关）。

感染性病因

蜱传疾病如犬埃立克体病、落基山斑点热、循环血小板减少症、无形体病及巴贝斯虫病均可致血小板减少症，因而在流行地区，或针对有流行地区旅行史的患犬应作为可能病因加以考虑。

脉管圆线虫感染会导致部分患犬出现出血性倾向，并发生包括血小板减少症在内的一系列凝血功能障碍。其致凝血障碍的机理未知——较合理的解释是此感染会导致某种形式的慢性 DIC，虽然也存在管圆线虫病致严重血小板减少及血管性血友病的报道，但一旦感染得到成功控制，上述凝血障碍即告消失。

其他病因

还有其他一些疾病可导致血小板产生 / 消耗 / 破坏过程的异常而引起临床可见的血小板减少。这类疾病包括：溶血性尿毒综合征、血栓性血小板减少性紫癜、内毒素血症、血管炎、脾肿大，脾扭转及急性肝坏死。

本章总结

与其他许多症状类似，出血病例也应借助条理清晰的思路来进行检查和诊断。这一过程中，对病生理机制的理解是正确评价相应检查结果的重要基础。当面对出血病例时，首先的一步便是判断所涉及的机体系统——出血来自局部性还是全身性疾病？答案可能简单明了，也或许需要借助诊断手段来查明，这一步骤的真正目的是在使用创伤性手段（如活检）来检查局部性疾病之前，优先排除全身性凝血障碍，以免因疏忽而发生严重误诊。

第十二章　多饮多尿及尿浓缩异常

Jill E. Maddison[1] 和 David B. Church[2]
1 皇家兽医学院，临床科学与服务系，伦敦，英国
2 皇家兽医学院，伦敦，英国

多饮多尿（Polyuria and Polydipsia）是小动物临床上相对常见的主诉异常，病因从几乎无临床影响的轻微异常到危及生命的严重疾病不一而足，因而为了对这些病例进行恰当的管理和治疗，很有必要在对病生理原理有一定理解的基础上采用逻辑清晰、步骤明确的思路进行诊断。另外，多尿相关疾病也可能表现为临床检查时发现尿浓缩异常。本章将先讨论多饮多尿的病生理机制，然后介绍相应的诊断思路。

病生理原理

多饮多尿的病生理机制分类

动物发生多饮多尿只可能来自两种基本过程——要么动物饮水过多，于是生理性地排出大量尿液；要么动物肾脏的尿浓缩功能出现障碍，使其排除大量尿液，机体为维持水、盐平衡而不得不大量饮水。

当多饮多尿症状始自饮水过多时，其病因可归于原发性多饮一类。虽然不少内分泌疾病都可导致原发性多饮，但大多数如此表现的动物并不存在这些疾患。实际上，原发性多饮更多源自行为异常或某种形式的大脑皮层功能障碍，因此可以按照原发性（颅内）或继发性（颅外）病因进行划分（详见第七章），而如果多饮表现来自对过量排尿的代偿，则病因显然与肾的尿浓缩功能障碍相关。许多因素都可能

影响肾的尿浓缩能力，进而导致尿量增加，并使动物发生多饮。

肾单位数量减少及功能受损

维持肾间质的高渗透压环境及从肾皮质至髓质逐渐增加的浓度梯度是尿液得以浓缩的关键。而渗透梯度的建立及维持有赖于肾脏中数量正常且功能正常的肾单位。因此肾单位功能受损会直接导致肾间质渗透梯度遭到破坏，严重影响肾小管滤过和尿浓缩功能。

所以，造成肾单位数量大幅减少，或数量虽正常但无法维持正常间质渗透梯度的疾病会导致尿量增加及多饮。

抗利尿激素功能障碍

影响尿浓缩功能进而使动物表现多饮的另一种可能是：虽然肾间质梯度正常，但肾单位中水沿其浓度梯度进行重吸收的过程在集合小管处发生了障碍。水和尿素通过集合管的过程受抗利尿激素（ADH）的直接调节，因此这一部位的障碍常为原发性 ADH 缺乏，或其他全身因素影响下 ADH 与其受体的结合和激活受阻所致。

肾小球处的渗透压改变

影响尿浓缩的第三种机制并不涉及肾脏本身的病变，而主要发生在肾小管内存在过量渗透活性物质的时候。当肾小管管腔内渗透压与肾间质的渗透压梯度降低时，即便肾间质内的渗透梯度和集合管的滤过功能都正常，肾单位对水的重吸收还是会下降。

小结

综上所述，引发多饮多尿的机制可根据具体病生理过程分为饮水量增加和因各种原因尿浓缩功能减弱两种。

因此，多饮多尿可能由下列原因造成：

- 原发性多饮——经此机制导致多饮多尿的疾病如下：
  - 心理原因

  - 肾上腺皮质功能亢进（此为机制之一，另可经影响尿浓缩导致症状发生）
  - 肝性脑病（此为机制之一，另可经影响尿浓缩导致症状发生）
  - 甲状腺功能亢进
  - 下丘脑损伤累及渴觉感受器（少见）
  - 药物影响渴觉中枢（如苯巴比妥）
- 肾小管结构受损致无法维持髓质高渗透压——最有可能经此机制导致多饮多尿的疾病如下：
  - 慢性肾病（CKD）
  - 肾盂肾炎
  - 肾结石
- 肾单位功能受损致无法维持髓质高渗透压——最有可能经此机制导致多饮多尿的疾病如下：
  - 低钠血症
    - 肾上腺皮质功能减退
    - 大量钠经肠道丢失
  - 髓质肾间质尿素浓度降低
    - 抗利尿激素（ADH）缺乏 / 功能受损（见下文）
    - 肝脏疾病？
  - 高钙血症、低钾血症、内毒素血症及肾盂肾炎均可损伤正常肾小管功能进而影响髓质肾间质浓度梯度
- ADH 功能丧失或受损——可能经此机制导致多饮多尿的部分疾病如下：
  - 尿崩症
  - 肾上腺皮质功能亢进
  - 高钙血症
  - 低钾血症
  - 子宫蓄脓
  - 肾盂肾炎（尤其是大肠杆菌感染所致肾盂肾炎）

- 渗透性利尿——可能经此机制导致多饮多尿的部分疾病如下：
  - 糖尿
    - 糖尿病
    - 肾小管缺损

各疾病造成多饮多尿的具体机制详见表 12.1。

表 12.1 多饮多尿的病理生理学

疾病	病理生理学
心理性多饮	心理性多饮是一种导致原发性多饮的行为障碍。原发性多饮会进而引起适度的代偿性多尿。此病原因未知，怀疑与焦虑有关。
肾上腺皮质功能亢进	肾上腺皮质功能亢进导致多饮多尿的机制不甚明确，可能与可的松干扰抗利尿激素功能有关。然而，住院伊始，肾上腺皮质功能亢进患犬常出现饮水量与排尿量减少的现象，说明其他因素也很重要。一个明显的物种差异是：在人类，肾上腺皮质功能亢进或接受皮质类固醇治疗的患者不会表现多饮多尿。 另一个明显的物种差异是：临床实践中，犬在接受皮质类固醇治疗后会比猫更常出现多饮症状。
肝脏疾病	肝脏疾病尤其是门脉肝性脑病造成多尿的机制也尚不明确。关于致病机理的其中一种理论是肾髓部间质中尿素浓度降低。不过，如果对门脉短路患犬进行禁水试验，会发现其中一些可以浓缩尿液，另一些则不行。这可能意味着多饮才是肝性脑病的神经行为学后果，而多尿则为代偿机制。
甲状腺功能亢进	甲状腺功能亢进可通过多种因素导致多饮多尿：甲状腺素扩张球前动脉血管，从而提高有效肾血流量，导致肾小球滤过率（GFR）升高及高滤过现象；同时有研究表明，肾血流量升高也会导致髓质部分电解质流失而降低尿浓缩能力；另外，甲状腺素中毒可能会扰乱下丘脑功能、从而导致原发性的、强迫性的多饮。在人类，甲状腺功能亢进影响患者的渗透压感受器，令他们在相同血浆渗透压下，更容易感觉到口渴，这可能也是导致患者猫多饮的另一重要因素。

续表 12.1

疾病	病理生理学
尿崩症	中枢性尿崩症源于抗利尿激素缺乏，这会损害远曲小管对水及尿素的重吸收功能，进而导致水分丢失和尿素重吸收减少，而后者则引起肾髓质间质的渗透压降低，从而进一步降低髓袢对水的重吸收。尿崩症可能是先天的，或由后天病因导致（如肿瘤、外伤、自发等） 肾源性尿崩症则是因为肾脏对抗利尿激素的响应出现了障碍。先天性的肾源性尿崩症非常少见，常见的获得性病因见表 12.2。
高钙血症	高钙血症阻碍抗利尿激素对集合管的作用，确切机制不明。目前认为可能与一种蛋白质受体，即细胞外钙敏感受体（CaSR）有关。当管腔内钙浓度升高时，CaSR 会降低抗利尿激素介导的集合管渗透功能，同时部分或全面下调集合管中水通道蛋白的合成。其他可能的机制包括：高钙血症降低髓袢中氯化钠的重吸收，直接导致渴觉中枢兴奋。 高钙血症也会导致入球小动脉收缩，从而降低肾小球滤过率，这种影响初期会导致可逆性氮质血症，但最终会永久损伤肾小管功能，肾钙化而发生真性氮质血症。
低钾血症	低钾血症引起抗利尿激素抵抗，使尿浓缩能力发生轻度到中度的下降。另降低水通道蛋白合成，导致集合管对水的渗透性降低。
子宫蓄脓	细菌感染（大肠杆菌）引起的子宫蓄脓会导致对抗利尿激素的响应下降，但仍会发生尿液稀释[①]。
肾盂肾炎	导致多饮多尿的原因中，肾盂肾炎常常遭到忽视，但这其实是结构病变和功能障碍共同损伤尿浓缩能力的典型范例。肾间质炎症使肾脏无法维持恰当的髓质浓度梯度。而病原（尤其是大肠杆菌）则破坏抗利尿激素的功能（与子宫蓄脓同理）。肾盂肾炎可以导致很严重地多饮多尿。另需注意的是，肾盂肾炎病患出现多饮多尿时，可能并未发生氮质血症，也就是说它们的多饮多尿症状与肾脏衰竭无关。这些病患的尿浓缩能力在感染得到控制后便可以完全恢复。还应注意，下泌尿道感染（即非复杂性膀胱炎）病例可能会出现尿频尿急症状，但是不会发生多饮多尿。

① 原文如此

续表 12.1

疾病	病理生理学
肾上腺皮质功能减退	任何原因导致的低血钠都会降低尿浓缩能力，但这时多饮多尿的症状并不会很明显。多尿可能来自钠丢失引起髓质渗透压降低。另外低血钠也会减弱渗透压对抗利尿激素分泌的天然刺激（低血浆渗透压），因而即便动物已经发生脱水，但还是会产出稀释尿。
糖尿病	糖尿病中的原发性多尿是由尿中葡萄糖的渗透作用导致的。
慢性肾病	慢性肾病既影响尿液浓缩又影响尿液稀释。当有效肾单位数量减少时，剩余的肾单位代偿性地提高了许多电解质的排出比率，发生渗透性利尿，这是慢性肾病导致原发性多尿的原因之一。尿素作为最重要的渗透压影响因素，虽然剩余肾单位并不能提高其排出效率，但它们会代偿性地提高肾小球滤过率，从而间接地增加了尿素的排出量。其他原因包括髓质结构变化破坏水重吸收的逆流机制，以及对抗利尿激素的敏感性下降。

多饮多尿或尿浓缩异常的诊断方法

1 界定异常表现

诊断多饮多尿病例的第一步是确定动物的主要异常表现确实是多饮多尿，而不是某种合理的生理表现，例如，发生水样腹泻的动物为维持水盐平衡会喝比平时更多的水。另外，患胃炎的动物也会大量饮水，但马上就会呕吐出来，因此不应归为多饮。合理生理表现的另一个例子是，运动和体温升高也可能促使动物大量饮水。过量饮水并过量排尿的动物应接受详细检查以确定饮水量变化的真正原因。

需注意发生多尿的动物可能被主人当作尿失禁而带来就诊，而且很多主人可能注意不到或不会主动提到动物饮水量也有所增加。另外还应考虑动物主人混淆尿频和多尿的可能性。

多饮的鉴别

真正的多饮在犬主要是指饮水量超过正常维持量的2倍以上，即多于100毫升/（千克·天）。在猫，饮水量大于50毫升/（千克·天）即可认定为过量饮水并考虑多饮多尿的可能。为判断动物确实发生多饮，可能有必要测定其日饮水量。然而医院环境可能使动物因应激而减少饮水，因而比较理想的方式是让动物主人在家测量动物的饮水量。

当然，在家测量饮水量在有些情况下很难或无法实施，比如家里有多只宠物，宠物从不可控的水源如池塘、积水坑或马桶里喝水等。因此如果主人留意到犬或猫（尤其是猫）饮水的频率确有增加，那么也可以只对饮水量做粗略估计（比如主人可能会说："我一般往每天只往水盆里添1回水就够，但现在每天要添3回。"）。而如果同时（在家或在动物医院）发现动物的尿液比较稀，通常你便可以就此确定动物确实出现了多饮，而不用非得精确测量饮水量。

相关的其他异常表现

另外还有其他一些异常表现与多饮多尿有类似的病生理机制和诊断思路。

当动物脱水或血容量降低时，为维持机体平衡，肾脏会大幅浓缩尿液，此时尿比重（SG）会达到1.030(犬）或1.035(猫）及以上。因此如果一只脱水的动物尿比重低于1.030，说明其尿浓缩不足，这意味着该动物必定有某种肾脏功能障碍（原发结构性肾功能障碍或肾外功能障碍）。

如果一只有氮质血症的犬尿比重低于1.030（猫为1.035），则该动物尿浓缩能力必定受损。这一判断的理由是，如果动物的氮质血症仅来自肾前病因且肾的尿浓缩功能正常，则其尿比重将高于1.030（犬）或1.035猫。

因此，本章关注的病生理要点及诊断思路将重点集中于以下3种异常表现（未必会同时出现）：

- 真性多饮
- 尿液异常稀释的脱水病患
- 尿液异常稀释的氮质血症病患

测定尿比重

确定动物确实发生多饮多尿之后，通常紧随其后的重要诊断步骤便是尿比重的测定——缺少这一步便很难恰当解读有关疾病的其他发现。不过，也不可忽略动物表现的其他临床症状，这些信息在之后考虑鉴别诊断时会起到很大作用。例如，如果动物除多饮多尿外还表现多食，那么兽医甚至可以在采取尿样之前就排除大量待鉴别的可能病因，从而将精力集中在检查少数几种疾病上。

- 尿比重 <1.008（犬）（猫 1.006）的尿液为经主动稀释的尿
- 尿比重 1.008~1.012 的尿液为经稀释或未浓缩尿
- 尿比重 >1.012 的尿液为经浓缩尿。但此浓缩程度在病患的具体情况下是否恰当还需要进一步确定

正常动物的尿比重在不同的生理状态下可能处于上述任何一个范畴，因此必须结合动物的具体水合状态来解读尿比重结果。虽然尿比重大于 1.012 的尿液经过一定程度的浓缩，但如果动物因任何原因出现肾小球滤过率下降，即如果动物脱水、有氮质血症或两者兼有，则该浓缩程度相对该动物的实际状况而言未必能被视为正常。

2 判断所涉及的系统

关键问题：结构病变还是功能障碍?

正如前文提到的，顽固多尿要么来自原发性多饮（实际上是一种行为异常），要么为尿浓缩障碍所致。后者则可能来自肾脏结构病变（即原发肾脏疾病）或肾脏功能障碍（肾外性疾病）。

当肾外因素变化干扰肾脏，例如降低髓质间质的高渗透压（如低钠血症）或使 ADH 功能受损（如 ADH 缺乏症，或继发于高钙血症、

子宫蓄脓和低钾血症等疾病的 ADH 功能障碍）时，肾的尿浓缩能力便会受到影响，从而发生肾外性肾脏功能障碍。也就是说，肾外性肾功能障碍的病灶在肾脏之外的其他机体部位，而肾脏只是表现出症状的“信使”而已。

只有几种疾病可能使动物排出经稀释的低渗尿（表 12.2），因此鉴别诊断相对容易。将尿液稀释到低渗的程度需要肾脏保有正常数量的肾单位，于是遇到这种情况可以首先排除除肾盂肾炎外的其他肾脏结构病变（比如慢性肾病）。

如果动物的尿比重在 1.008~1.030，那么首先应思考尿液的浓度是否符合动物的水合状态。发生脱水的动物如果肾功能完好，其尿比重应高于 1.030（犬）或 1.035（猫），如果低于这个值，则可判断动物的肾功能受损——病因可能来自肾脏结构病变或功能异常。

如果尿液经浓缩，则动物要么在采取尿样时并未出现多尿（原发性多饮病患可能出现这种情况），要么在采取尿样时可以观察到明显的多尿症状，后者提示尿液中必然存在引发渗透性利尿的高渗物质，最常见的例子是葡萄糖。

多饮多尿或尿浓缩异常的鉴别诊断可参见表 12.2。

确定病患的尿浓缩情况属于哪一大类之后，接下来你便可以集中注意力鉴别该类别中可能的疾病，以便得出恰当的诊断结论。

3 判断所涉及的系统及病灶位置

低渗尿

长期排出低渗尿的动物不可能患慢性肾病。患慢性肾病的动物无法主动稀释尿液，当然也就不能产生低渗尿。因此，根据这个判断可以认为，低渗尿和多饮多尿同时发生意味着动物患有肾外性肾脏功能障碍。正如表 12.2 中所示，很难将肾盂肾炎归于结构性或功能性病因，因为它既涉及肾脏的结构病变（炎症），其导致多饮多尿的机理又涉及改变髓质间质渗透梯度（以及影响 ADH 功能），而且，此病虽然并不像慢性肾病那样使肾单位总量下降，但也会损害其功能而减少可正常工作的肾单位数量。

持续性低渗尿同样也是中枢性尿崩症的一大特征，还可能出现在原发性多饮病患中。但应留意，患部分型中枢性尿崩症的动物其尿比重可能高于 1.008。

肾上腺皮质功能亢进、肝脏疾病、子宫蓄脓、甲状腺功能亢进、低钠血症、肾盂肾炎及高钙血症都可能导致低渗尿，但正如表 12.2 所示，患这些疾病的动物，其尿比重也可处于 1.008~1.030。

表 12.2　确定多饮多尿或尿浓缩异常之后的具体鉴别诊断

尿浓度	鉴别诊断	检查项目
低渗尿 尿比重 <1.008	心理性多饮	禁水试验
	尿崩症	禁水试验 / 升压素（ADH）反应试验
	高钙血症	血清钙（总钙和离子钙）
	肾上腺皮质功能亢进	低剂量地塞米松抑制试验和 ACTH 刺激试验
	子宫蓄脓	血液白细胞相和腹部影像学检查
	肾盂肾炎	尿常规；尿液培养和药敏试验
	肝脏疾病	ALT、ALP、胆汁酸、白蛋白
	低钾血症	血清钾
	肾上腺皮质功能减退（通常为高渗尿或等渗尿，但有时也可导致低渗尿）	血液白细胞相；血清钠；钠：钾比率；静息可的松水平及 ACTH 刺激试验
尿浓缩不足 尿比重 1.008~1.030	慢性肾病	尿素、肌酐、PO-4、碘海醇
	高血钙	血清钙（总钙和离子钙）
	肾上腺皮质功能亢进	低剂量地塞米松抑制试验和 ACTH 刺激试验
	肝脏疾病	ALT、ALP、胆汁酸
	糖尿病	血糖和尿糖水平

续表 12.2

尿浓度	鉴别诊断	检查项目
	子宫蓄脓	血液白细胞相和腹部影像学检查
	肾盂肾炎	尿常规；尿液培养和药敏试验
	低钠血症	血清钠；钠：钾比率；静息可的松水平及 ACTH 刺激试验
	低钾血症	血清钾
浓缩尿	糖尿病	血糖和尿糖水平
尿比重 >1.030	肾性糖尿	血糖和尿糖水平

有关表 12.2 的进一步讨论：

- 中枢性部分尿崩症（仍可分泌少量抗利尿激素）动物在脱水状态下可能出现等渗尿。
- 患有中枢性或肾源性部分尿崩症的动物有时候会出现既有低渗尿，也有等渗尿的现象。
- 表现多饮多尿的其他疾病如甲状腺功能亢进，红细胞过多症，嗜铬细胞瘤，多骨髓瘤，原发性甲状旁腺功能减退，上述各病表现的尿液浓度从低渗尿至浓缩尿不等。
- 急性肾衰的利尿期和尿道阻塞后也可能出现多尿现象。

内出血（如脾血管肉瘤所致出血）患犬可能也会出现明显的多饮多尿及低渗尿。这看上去很反常——出血作为一种强刺激可以引起机体释放 ADH，而高浓度的 ADH 有收缩血管升压的功能（这也是为何它的别名是血管升压素），这一过程本应该潴留水分而增加尿浓度并稀释血液。事实上，这种多尿、排低渗尿的表现是机体应对血液稀释的一种代偿方式（排出多余水分），同时大量内出血导致的低血容量也会激活渴觉机制而使动物大量饮水。

什么时候开始做禁水试验比较好？

确定低渗尿之后，不应过早进行禁水试验。患肝脏疾病、高钙血症、肾上腺皮质功能亢进、甲状腺功能亢进、低钠血症或子宫蓄脓的动物同样可能会出现一定程度的尿浓缩障碍，而禁水试验对鉴别这些疾病并无任何作用。注意，对出现氮质血症的动物，绝对不可以进行禁水试验——氮质血症的本质决定了病患注定通不过禁水试验。

另外，因毫无必要地进行禁水试验而延误诊断反而可能对动物有害，尤其是出现高钙血症的动物（子宫蓄脓的情况也类似，但我们往往可以凭另外一些典型的临床症状较容易地做出诊断，不至于落到要考虑禁水试验的程度）。因此，在决定是否做禁水试验前，我们首先要排除肝脏疾病、肾上腺皮质功能亢进、子宫蓄脓、甲状腺功能亢进、肾盂肾炎及高钙血症。这些疾病导致的多饮多尿通常通过收集病史、临床查体以及有针对性的检查项目便可比较直接地诊断出来。

因而，当动物发生多饮多尿和低渗尿，表现连住院等应激事件也无法改变的饮水过量现象，且已排除上述导致 ADH 抵抗的肾外性疾病的时候，才应考虑进行禁水试验。也就是说禁水试验应用来区分 ADH 缺乏导致的多饮多尿和环境变化等应激事件也无法改变的原发性多饮（更多讨论详见后文）。

4 确定病灶性质

低渗尿病因的鉴别

肝脏疾病

除了多饮多尿外，肝脏疾病通常还会表现其他临床症状。另外还可以通过测定血清酶含量，以及在酶异常不太明显的时候，测定胆汁酸水平来进行检查。然而需注意，确诊肝病的动物中，有高达 25% 的病例胆汁酸水平低于 25 微摩尔 / 升。

高钙血症

测定血清钙水平便可诊断高钙血症——可能的话应同时测定离子钙和总钙两项。高钙血症的其他全身症状包括厌食和 / 或胃肠道症状，但也有些患原发性甲状旁腺功能减退的动物不表现临床症状，看上去好得很。

子宫蓄脓

子宫蓄脓病患也会在多饮多尿之外表现其他临床症状，因而不难诊断。

肾盂肾炎

肾盂肾炎是导致多饮多尿的各种病因中，不太容易检出的一个。通过尿常规检查你可能会发现尿路感染的迹象，但有时候这些表现的程度很轻微。而且即使你没有检出血尿或蛋白尿，也不等于可以放心排除肾盂肾炎。因此笔者强烈建议对任何多饮多尿，而且通过验血没能找到病因的病患进行尿液培养和药敏试验。

甲状腺功能亢进

面对多饮多尿患猫应优先考虑甲状腺功能亢进。结合其他临床症状及血清 T4 水平升高可进行诊断。

肾上腺皮质功能亢进

肾上腺皮质功能亢进的诊断难度比较大。动物除多饮多尿外，不一定会表现脱毛、皮肤变薄、腹围增大及肝肿大等典型临床症状。

虽然确诊或彻底排除肾上腺皮质功能亢进需要进行低剂量地塞米松抑制试验，但绝大多数患病动物会出现 ALP 水平升高、氯离子水平升高和 / 或应激白细胞象。因此，如果发生多饮的动物不表现上述临床症状，也没发现上述血液生化变化，那么即便还没有进行肾上腺相关的试验进行彻底排除，我们仍可认为它其实不太可能患有肾上腺皮质功能亢进。

肾上腺皮质功能亢进患犬通常不会表现出什么不适症状（即它们吃喝正常，而且颇为活泼机敏）。如果患犬表现出明显的不适，不管它们是否患有肾上腺皮质功能亢进，都应考虑是否存在其他非肾上腺疾患。

患有其他非肾上腺疾病而出现全身不适症状的动物进行低剂量地塞米松抑制试验和 ACTH 刺激试验也可能获得阳性结果。因此需结合动物的整体状态解读这两项试验的结果。如果已知犬患有其他疾病，但你仍怀疑它同时患有肾上腺皮质功能亢进，则应该推迟检查，至伴发疾病痊愈犬身体状态恢复后再测。

所有检查结果都正常怎么办?

如果动物表现多饮多尿、低渗尿，但没有其他临床症状，白细胞计数、血清钙、血清 ALP 和 ALT、血清 T4、餐前餐后胆汁酸水平、白蛋白、血清氯水平均正常，尿培养也是阴性，那么你便可以排除封闭型子宫蓄脓、高钙血症、甲状腺功能亢进、肾盂肾炎，甚至可以排除肝脏疾病（这一阶段绝对可以排除肝性脑病，但胆汁酸并不能敏感反映肝脏病变，有时肝脏损伤已经很严重，胆汁酸水平却仍正常）。这种情况下动物患肾上腺皮质功能亢进的概率也不大，但理论上仍存在这种可能，彻底排除需要进行低剂量地塞米松抑制试验或 ACTH 刺激试验。

尿崩症与原发性多饮的鉴别

到这个时候，你就可以将精力集中到鉴别尿崩症和行为异常导致的原发性多饮（又称心理性多饮）上了。患有原发性多饮的动物在不同环境中的饮水量通常不同，因而在进行针对性检查之前可以先收留动物住院，并测量住院期间的饮水量。如果留院后饮水量下降，则可诊断为原发性多饮。而如果饮水仍过量，则可以排除其他所有导致多饮多尿的病因，并通过禁水试验鉴别尿崩症和原发性多饮。

请留意，禁水试验应一直进行到出现可察觉的脱水症状时才可终止，这意味着尿浓缩功能正常的动物的禁水试验常常延续十几个小时。而尿崩症动物则相反，因完全无法浓缩尿液，这些动物禁水后很快（通常几小时）便会出现脱水症状。为避免因脱水而出现高钠血症等危象，应密切监测动物的体重、PCV、血浆蛋白和血清尿素水平，绝不可以任由动物禁水过夜，只等着第二天早上测尿比重——如果你的病患真的患有尿崩症，你到时很可能会发现它已经脑子干成薯片一样，离死不远了。

患原发性多饮的动物通常能够恰当地浓缩尿液，但偶尔也会有因严重多饮导致肾髓质冲刷，使得浓缩能力受到影响的情况。这时有些病例可能需要用加盐或不加盐的部分禁水试验进行鉴别。发生肾髓质冲刷的犬通常只会在一天的少数时段出现尿比重偏低的情况（因为没有过量饮水的时段它们的尿浓缩功能是正常的），因此在你用禁水试验排除原发性多饮之前，可以先让动物主人采集一天不同时段的尿样，例如带犬进行长距离散步的时候就是采集浓缩尿样的好时机。如果尿样能证明动物的尿浓缩能力，你也就不用再做禁水试验排除了。

抗利尿激素（ADH）反应试验

如动物已经禁水到出现脱水症状，其尿比重仍处于低渗尿范围，并且你已经排除了肾上腺皮质功能亢进、高钙血症、肝脏疾病、甲状腺功能亢进、肾盂肾炎和子宫蓄脓，那么此时最恰当的诊断便是尿崩症，接下来应进行抗利尿激素（ADH）反应试验。

如外源 ADH（鞣酸升压素 2.5~5.0 单位肌注或水合升压素 0.5 单位 / 千克肌注）可引发阳性反应，说明动物所患为中枢性尿崩症。没有鞣酸加压素时可用去氨加压素（商品名弥凝）滴眼作为替代。此实验阴性结果说明动物所患为肾源性尿崩症（此病罕见，尚有争议）。

实际操作时，如果你高度怀疑某犬患有尿崩症，不做禁水试验而直接进行去氨加压素反应试验，可能反而更加安全、方便。

尿比重高于 1.008 的情况

只有动物确实多饮多尿，并伴有脱水和 / 或氮质血症的情况下，处于 1.008~1.035 的尿比重值才意味着其尿浓缩功能存在障碍。

如表 12.2 所示，尿比重 1.008~1.035 的尿浓度异常病患，其有待鉴别诊断的可能疾病包括肾病、肾上腺皮质功能亢进、糖尿病、高钙血症、子宫蓄脓、甲状腺功能亢进、低钾血症、肾上腺皮质功能减退、肾盂肾炎及肝脏疾病（极少数情况下，如动物脱水，可考虑尿崩症的可能）。

诊断方法

如前文讨论过的，采用常规检测可较容易地排除肝脏疾病、肾上腺皮质功能亢进、高钙血症、子宫蓄脓、甲状腺功能亢进、肾盂肾炎及肾上腺皮质功能减退。

糖尿病也可借助尿糖及血糖检测进行诊断（注意应激或其他疾病的患猫可能也会出现明显的高血糖，另外伴有近曲小管损伤的动物可能只出现尿糖升高，血糖保持正常），而低钾血症则可通过测量血钾水平检出。

然而慢性肾病的诊断难度可能较大。慢性肾病导致的尿浓缩异常不一定伴有氮质血症，这取决于受损肾单位所占比例——丧失 67% 的肾功能时动物会表现尿浓缩异常，但到丧失 75% 肾功能时才会出现氮质血症。

尿常规和尿培养可用于检出肾盂肾炎，肾的影像检查也有助益。肾盂肾炎病患不一定有慢性肾病，因此它们的尿浓缩能力在炎症治愈后便会恢复。

做禁水试验有用吗？

虽然人们常认为禁水试验有助于诊断代偿期（未出现氮质血症的）肾病，但有必要明确禁水试验及后续的脱水状态很可能导致代偿期肾病动物发生严重的氮质血症。而且，正如前文所言，肾上腺皮质功能亢进等疾病同样会使动物无法恰当地浓缩尿液以应对脱水，因此做禁水试验也不一定就能说明问题。比较理想的做法是先按照表 12.2 所示进行各项检测，以排除其他可能的疾病。如果所有这些检查结果都正常，而且动物没有表现其他临床症状，则可重点考虑慢性肾病。确诊慢性肾病需要进行更加复杂的检查来测定肾小球滤过率，如内源性或外源性肌酐清除试验（有些诊所可能限于条件无法进行这几项检查）。

另外需注意的是，当动物未处于脱水状态时，高钙血症、肾上腺皮质功能减退（或其他原因导致的低钠血症）以及慢性肾病等疾病也同样可以导致尿浓缩异常及氮质血症（表 12.3）。

浓缩尿

此症状最常见的原因是糖尿病。

糖尿病的多尿症状来自葡萄糖在肾小管中的渗透效应，此效应降低水在髓袢等部位的重吸收，而肾脏本身的尿浓缩功能实际上并没有受到影响——葡萄糖作为溶质携带水分随尿排出，髓质高渗梯度也没有受到干扰。

表 12.3　氮质血症和尿浓缩障碍的发生机制总结

疾病	肾小球滤过率下降引起氮质血症的原因	尿浓缩不足的原因
结构性肾病	有效肾单位数目下降	有效肾单位数目下降
高钙血症	入球小动脉收缩 +/– 动物脱水时肾血液灌注下降	抗利尿激素失效
低钠血症	低血钠引起血容量降低 +/– 动物脱水时肾血液灌注下降	髓质高渗性下降 动物脱水时抗利尿激素释放受阻
肾功能正常的脱水动物	肾血液灌注下降	尿浓缩正常
发生多尿的脱水动物	肾血液灌注下降	抗利尿激素失效，或渗透性利尿，或髓质高渗性下降
肾小球疾病	肾小球滤过率下降	只有发生肾小管病变时才影响尿浓缩功能

肾性糖尿与糖尿病鉴别

考虑糖尿的来源时，也应考虑因肾小管损伤而导致糖尿的可能性，并借助血糖检测与糖尿病加以鉴别。

猫因应激而发生高血糖症后也会出现糖尿，并且其程度也足以引发多尿。这种情况下确定真正的病因颇有些难度。不过，大多数应激高血糖症病例仍可以通过血清果糖胺水平与糖尿病相鉴别。

患肾上腺皮质功能亢进、高钙血症和肾上腺皮质功能减退的动物不一定会持续出现多尿症状，也可能会在某些时段产生浓缩尿。

本章总结

导致多饮多尿的常见疾病诊断起来一般比较简单直接，但也有一些疾病需要更复杂的诊断手段。虽然你尽可以参考表 12.2 这样的鉴别诊断清单，但了解与尿浓缩异常相关的病生理基础知识将有助于你合理安排检查并安全便捷地得到诊断结论。

第十三章　步态异常

Holger A. Volk 和 Elvin R. Kulendra
皇家兽医学院，临床科学与服务系，伦敦，英国

简介

鉴别步态异常的病因并不是件容易的事。如果我们优先对具体异常表现进行界定，并对所涉机体系统做出判断，便能更容易进一步选取恰当的检查手段辅助诊断。虽然近来出现了不少先进的影像诊断技术，但确定步态异常病例的病灶位置主要还需以神经系统及骨科检查为基础。犬猫的前肢或后肢跛行症状大多由骨科疾病导致，但神经系统异常也可能呈现类似的症状。具体而言，神经系统异常更倾向于表现为自主动作能力下降（轻瘫）或无法自主动作（瘫痪）。

一旦成功对病灶进行了定位，便可以根据病患特征、症状发生、临床发展及临床特点（如是否伴随疼痛以及两侧症状是否对称）来得出一系列备选诊断。每一个具体病例都可能会有其复杂难解之处，只死板教条地进行诊断容易发生误判。有鉴于此，本章将会介绍诊断步态异常病患的一种思路，以便读者通过对异常、所涉系统、病灶及其定位的判断来找到获得诊断结论的恰当途径。

鉴别骨骼肌肉系统与神经系统异常

1 界定异常表现

面对表现步态异常的动物，首先要做的便是界定其主要异常表现。“步态异常”是动物表现出的、有别于其正常步态模式，或该物种典型步态模式的各种行动方式的总称。对这些动物具体异常进行界定主要需依据动物主人提供的相关信息及兽医本人对动物的观察，以明确动物发生的是单个肢体还是涉及多个肢体的跛行，是否交替跛行，是否发生步长改变，是否有“高跷步”，是否动作僵硬（何时何处僵硬），肢体动作是否异常（如兔子跳），是否无力，是否存在共济失调，等。这些都是有助于进一步理解呈现的症状并进行鉴别诊断的重要信息。跛行的表现是：患肢承重程度下降或步态改变，动物代偿性地将重心移向其他肢体。

2 判断所涉及的系统

大部分出现步态异常的病患不是患有骨科疾病就是发生了神经系统损伤。它们的病变可能来自潜在的结构或功能疾患。而结构和功能上的障碍均可能导致无力、起立困难、倒地和步态改变。其中无力是肌肉力量下降，可表现为难以起立或少见移动，有关详细讨论请参见第六章。

原发的结构病变可能来自肌肉骨骼系统或神经系统（神经肌肉/外周神经系统或中枢神经系统）。而功能障碍上，则可能是心血管系统、呼吸系统或新陈代谢的失调继发性地累及神经或肌肉骨骼系统，如胰岛素瘤导致的低血糖症。功能障碍导致的步态异常往往会伴发指向其他机体系统的临床症状。例如，罹患胰岛素瘤的病犬很可能同时有癫痫发作及无力的表现。至于那些有多处结构性病变（比如肌肉骨骼系统和神经系统同时异常）的动物则比较有挑战性，因为很难判断哪个异常在临床上更为重要。不过兽医仍有望借助全面翔实的病史收集及体格检查获取线索。

下列任一系统的疾患都可能导致无力（参见第六章）、倒地（参见第七章）或步态异常。

- 原发结构性病变
  - 肌肉骨骼系统——肌肉、骨骼、韧带、肌腱和关节
  - 神经系统——中枢神经及神经肌肉系统
- 继发功能性障碍
  - 心血管系统——心脏、血管及血液
  - 新陈代谢——电解质，如钾 / 钠及血糖
  - 呼吸系统——上下呼吸道、胸膜腔及胸壁

兽医可根据伴发症状、病史及实验室检查对各系统病变的优先级依其临床重要程度进行排序。针对无力及倒地的诊断思路我们已另章探讨过（第六章、第七章），本章将重点针对以跛行为主的各种步态异常进行讲解。

大部分出现步态异常的病患不是患有原发或继发的肌肉骨骼系统疾病就是发生了原发或继发的神经系统病变，因此在病灶定位部分我们会重点关注肌肉骨骼系统或神经系统的病灶。与心血管、新陈代谢和呼吸系统不同，神经及骨骼肌肉系统的病变无法简单通过某种实验室或诊断检查手段加以区分，需依赖兽医的体格检查进行鉴别。可参照图 13.1 判断检出的临床症状更可能来自肌肉骨骼系统还是神经系统的疾病。

发生神经异常的大多数动物都会出现轻瘫，而那些骨科方面有问题的动物则多发生跛行。正确区分跛行（没法动）和轻瘫（没法让自己动）并不容易。双侧均患骨科疾病（如双侧“十”字韧带疾病）的动物很可能表现得和神经系统病患没什么区别。不过难度最大的还是诊断那些同时患有骨骼肌肉及神经系统疾病的动物。

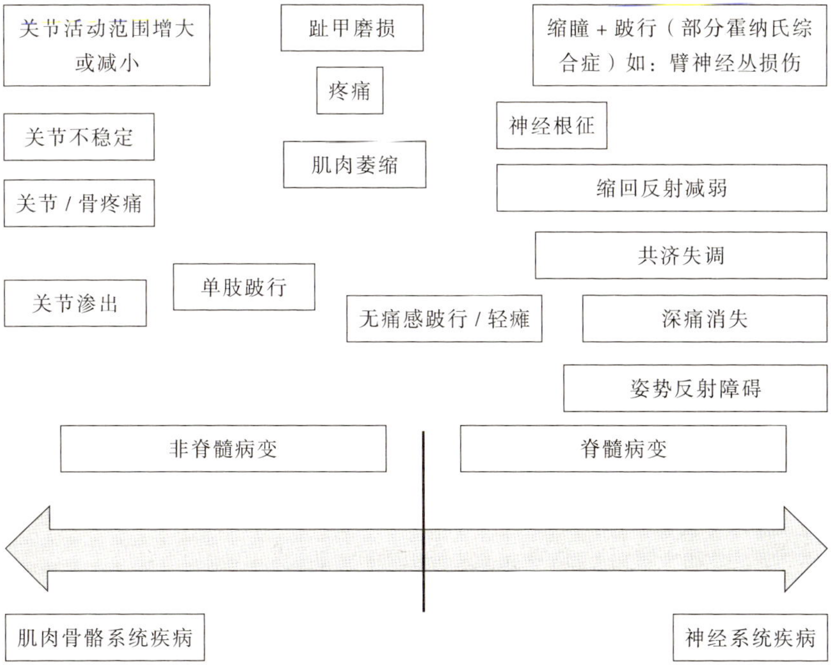

图 13.1 凭借临床特征区别肌肉骨骼系统和神经系统疾病

3 判断病灶位置

通过系统检查及全面的骨科及神经检查通常有望定位病灶。骨科疾病可能涉及的结构有长骨、关节、肌肉、肌腱和韧带。而神经系统疾病则涉及中枢及外周神经系统。神经系统的大部分结构（脑、脊髓或神经肌肉系统）都可与步态异常有关（另见第六章）。中枢神经系统的异常部位可包括前脑（发起动作）、小脑（精细调节动作）或脑干（协调运动神经及与目标肌肉间的长纤维神经通路）。涉及上述结构的病灶除步态异常外，还常伴有其他脑部特异性障碍，例如行为和精神状态改变、颅神经障碍和 / 或前庭障碍，因此易于与肌肉骨骼系统所致病状进行区分。然而脊髓及神经肌肉系统的障碍就没那么容易与肌肉骨骼疾病相区分了。在接下来的段落里我们将具体讨论如何辨识并定位这些部位的病灶。

病史

在进行骨科检查或神经检查之前，首先要进行的重要一步便是获得全面翔实的病史。完整的病史可以为我们提供有关跛行病因的关键信息并协助我们接下来选择恰当的诊断步骤。不过还是应该先大体了解动物整体的健康状态，然后再针对动物步态向主人详加询问。下面列出了一些可更加有针对性地获得步态异常相关病史信息的关注重点：

- 动物特征（种类、品种、性别、年龄等）
- 哪条（哪几条）腿不对劲？
- 步态异常何时出现？随时间推移有何发展？
- 运动/躺卧后起身是否导致程度加重？
- 步态异常的发展，是恶化、稳定，还是有所好转？
- 用药/休息可否缓解？
- 其他肢体是否出现过跛行？
- 行为及精神状态是否有变化？
- 是否出现过背部疼痛？
- 是否曾发热？
- 体重是否下降？

获得病史的下一步便是进行系统的全身体格检查，以获知是否存在其他需引起重视的病况。在接诊外伤病例时这一点尤其重要，可以帮助兽医检查出可能危及生命，需要先于骨科或神经疾病进行处置的创伤。

骨科检查

作为定位病灶的关键一步，我们在这里将详细讨论如何进行骨科体检。骨科体检可以分为三步：从旁观察、步态分析及触诊/动诊。

前两步通常不需镇静即可操作，但对于极为疼痛或攻击性强的动物，第三步最好在镇静或麻醉下进行。

从旁观察

整个骨科体检应从整体观察站立或坐姿的动物开始。检查者应仔细观察肌肉萎缩的表现，最易察觉处为大腿上部肌肉以及肩胛冈周围各肌肉。接下来应观察各前、后肢承重情况。动物的体重是否由四肢对称支撑？动物站直时，检查者应观察评估是否存在肢体扭偏，如腕部外翻 / 内翻。另外，动物从躺卧状态起身的过程可以显示它偏好用来支撑身体的是哪条腿。有时仅凭从旁观察便可以做出诊断，例如可凭动物肘外展、前臂向外扭转的特征性姿态诊断冈下肌挛缩症。

步态分析

第一步的从旁观察结束后，应观察动物进行走动和小跑。在有些情况下，观察动物上、下楼梯也有助于识别跛行。上楼梯会加重后肢跛行表现，而下楼梯则会加重前肢跛行表现。步态分析理想的检查场所是照明充分的长直走廊，但如条件有限，也可在户外的安静小路或停车场中进行。有些动物可能不敢或不便在室内光滑的地板上行走，对这些动物来说，户外场所更适用一些。有时候较硬的地面也会加重某些跛行，于是在从草地走上马路的时候会很容易看出来，例如，爪垫硬茧。

首先牵引着动物走动。牵引绳需足够松弛，以便观察随步伐点头的动作。动物在走廊中来回反复走动时应保持在牵引者的内侧，这样从远处折返时，检查者才能观察到它转身的动作。接着，牵引者逐渐加快步伐直至动物开始小跑。如果动物的跛行只有在奔跑时才会出现，那么检查最好在比较封闭安全的空间进行，或者请主人拍摄相关视频。猫的步态观察应在诊室内进行。

动物走动或跑动时，其随前肢动作点头的现象可以用来诊断前肢跛行。当患肢着地时，动物会扬头，而当健肢着地时动物会低头（患肢扬、健肢点）。步伐长度也应纳入考量，双侧跛行的动物步长会缩短。另外，应观察是否有爪尖刮地的情况，以及任何共济失调的表现。跛行可依据严重程度评 0~10 分，0 分表示正常动物，10 分表示患肢无法承重。观察者为同一人时，这套评分系统可以作为复诊时评估跛行发展的主观检测方法。有些疾病在运动时会有特征性的步态，例如股薄肌挛缩症，患犬会在伸直膝关节的同时向内转动腿部，并且步伐也会缩短，表现为特征性的“甩腿”动作。

局部检查（触诊 / 动诊）

骨科检查应始终在完成了详尽的全身体格检查之后再开始进行。到触诊 / 动诊这一步时，你可能已经借助上述从旁观察和步态分析两步确定了患肢。而完整的骨科检查将可以发现跛行究竟来自某一或某几个骨骼、关节、肌肉、肌腱或韧带。理想状态下，检查应在动物未经镇静或麻醉的清醒状态下进行，但这也取决于具体动物的脾性。

检查应遵循一定的方法按部就班地进行，以免遗漏与病因有关的线索。人的大脑会本能地将更多注意力放在病情最为严重的患肢上，使检查者很容易便忽略了其他同样受到影响的肢体，从而受到误导，做出错误的临床决策。对患肢的具体检查应尽量放到整个检查的末尾进行，以免动物因感到痛苦而不愿配合，而影响其他部位的检查。具体检查内容应包括前、后肢触诊，以检查是否存在肌肉不对称。笔者检查肌肉萎缩情况的习惯是：先粗略按压后肢大腿前侧肌群，然后再检查前肢冈上肌和冈下肌，这两块肌肉分别位于肩胛冈的前侧和后侧。

接下来，在动物站姿下分别向其腕部或跗部的掌侧施力以观察四肢支撑体重的情况，这一步应确保动物站姿稳定周正。接着可引导动物做颈部向前、后、左、右屈曲及伸展的动作，然后触诊颈椎、胸椎及腰椎。另外，腰荐部位疼痛的动物在尾巴向上撅起时会有不适反应。上述步骤如有发现，则应进一步进行神经学检查。

下一步是对四肢的具体检查，需要动物保持侧卧，但如果动物不配合，也可在站姿下进行。检查时，小型犬可以较容易地站在桌子或检查台上，大型犬则通常在地上进行。所有四肢均应依照从趾尖向上的方向进行检查，但如果病灶在脚掌上，则从近端至远端的检查方向较易获得动物的配合。总体而言，应逐一检查每一关节，观察是否存在肿胀、活动范围缩小、疼痛、不稳定或捻发音；触压所有长骨以检查是否疼痛，如有发现，则可考虑肿瘤或骨膜炎的可能；另外应触诊淋巴结以判断是否出现增大。一般针对前肢疾患主要检查肩前淋巴结和腋淋巴结，后肢则主要检查腘淋巴结及腹股沟淋巴结。

前肢检查

单独检查每一个脚趾，并查看趾间区域，接着单独按压每一块爪垫，并仔细观察是否受外伤。另外，此处也是常形成硬茧的部位。触诊每一个趾关节，接着向近端移动，检查掌趾关节，并按压关节掌侧的籽骨处以检查疼痛反应（例如，在罗威纳犬，此处疼痛可能提示第二籽骨和第四籽骨碎裂）。仔细向上触诊掌骨直至抵达腕部，腕部的关节积液在腕关节背侧处最为明显。另外，应屈曲及伸展腕关节以检查可能的疼痛反应，并向其施以外翻、内翻、掌侧、背侧的压力来评估关节稳定性。

下一步是从远端到近端，在臂部各处进行按压。此处如发现任何疼痛反应，你应仔细思考附近可能与此相关的解剖结构（例如腕斜伸肌腱鞘炎的常见表现便是桡骨远端内侧肿胀疼痛）。接下来用力按住肱骨内外上髁，并完全屈曲和伸展肘关节。

肘部的关节积液在关节外侧肱骨外上髁和尺骨肘突之间的位置最为明显。如果积液较轻微，可与对侧肢同一部位比较来确定。

肘关节的正常活动范围是最小屈角约 35°，最大张角约 165°。屈曲肘关节的同时臂部应能够进行前后旋转。一些疾病，如肘内侧结构疾患可能会在肘关节屈曲并前旋臂部时表现疼痛。需要特别注意的是，在进行上述检查时不要操纵腕关节。当腕关节和肘关节均呈 90° 时，可通过前、后旋动臂部检查侧副韧带完整性（坎贝尔检查）。坎贝尔检查可用于肘关节脱位闭合整复后检查肘关节稳定性。

检查肘关节后，继续沿肱骨向前肢近端进行按压。肱骨的远端1/3处有桡神经由近后侧至远前侧斜行穿过，因此需注意按压在骨骼而非神经上。在触诊过程中，应检查骨骼的轮廓是否存在不光滑平整之处。另外，肱三头肌的大块肌束经肱骨后侧与肘突相接，当肘关节伸展时，应可轻易触摸到肱三头肌肌腱。在肱骨前侧还可触诊到肱二头肌。

肩关节紧邻肩峰远端，但因位置相对较深，不易检查关节积液。当肩关节完全屈曲时，肱二头肌肌腱疾患的症状将会加重，此时可对肱骨结节间沟（位于肱骨大结节内侧）中的肱二头肌进行按压。肩外展角可用于评估肩关节的稳定性。正常犬的肩外展角约为30°。另外，患有臂神经丛肿瘤的犬可能在腋下深部触诊时表现疼痛。

后肢检查

进行后肢检查时，笔者习惯先让犬站立，并检查左、右后肢的股近侧肌群。如果在这一部位发现单侧肌肉萎缩，则可能提示跛行的病灶在这一肢，而双侧均患病的犬则会出现双侧肌肉萎缩。仍让犬保持站姿，定位股骨大转子、坐骨结节及荐结节，正常情况下这三点之间应形成一个三角形。然而如果犬发生了前背侧髋股脱位，则股骨大转子会向背侧偏移，使上述三点连成一线。另外，应检查身体左、右两侧的三点各自形成的三角形是否相互对称（骨盆骨折常导致骨盆结构不对称）。

如动物配合，现在可使其侧卧，按照与前肢相同的顺序对后肢进行从远端至近端的检查。当检查至飞节（跗关节）处时，应屈曲并伸展关节，判断其活动范围。正常犬踝关节的活动范围为最小屈角40°，最大展角165°。猫踝关节的屈曲能力比犬略强（最小屈角22°）。屈曲和伸展飞节部分时，同时还应观察到膝关节被动地随之屈曲或伸展的现象。当跟腱发生病变时，此联动现象消失，表现为跗关节屈曲伸展时膝关节静止不动。当跗关节处于伸展位不动时，跟腱所受拉力较小，此时较易检查跟腱异常。

跗关节积液时，从内外踝的背跖侧均易触诊到肿胀。而针对跗关节的稳定性，应检查其由内侧向外侧、由背侧向跖侧及旋转时的表现。猫的跗关节天生比犬要更松弛一些，可通过将检查情况与对侧肢相比较来辨认轻微的异常。检查踝关节稳定性时，可用一只手稳定内外踝，另一只手握住跖骨基部。检查跗间关节稳定性时则可用一只手握住跟骨，另一只手握住跖骨基部（可用于检查涉及关节稳定性的疾病，例如喜乐蒂犬继发于跗掌韧带退行性变的跟跗关节不稳定）。

胫骨的前侧和内侧所覆软组织很薄，因而可在远端轻易触摸到胫骨外踝和腓骨内踝。更近侧处则可触诊胫骨结节（髌韧带附着处）。在胫骨结节和髌骨之间，应可轻易触摸到明显的带状髌韧带。当发生膝关节积液的时候，可触及的髌韧带边缘轮廓将变得模糊。紧挨股骨外髁远侧的是腓骨头，外侧腓肠豆（腓肠肌外侧肌腱内的籽骨）则紧邻腓骨头近侧。正常的犬膝关节活动范围约为120°，最小屈角40°，最大展角160°。前抽屉试验和胫骨前推试验是检查前“十”字韧带损伤的专门方法。进行前抽屉试验时，两手分别固定股骨和胫骨近端，双手拇指和食指弯曲，共同比出一个方框——将股骨手的拇指置于外侧腓肠豆处，食指置于髌骨上；胫骨手食指置于胫骨结节上，拇指则置于腓骨头处。固定住两边骨骼后，保持股骨不动，向前侧平移胫骨，如胫骨可以明显前移，则说明存在前“十”字韧带损伤。但在前“十”字韧带部分断裂的情况下，可能只有屈曲膝关节时，前抽屉试验才呈阳性，因而应分别在膝关节屈曲和伸展状态下进行此试验。另外，当膝关节充分伸展时，侧副韧带绷紧，此时不管“十”字韧带是否损伤都很难向前移动胫骨，容易误判为假阴性结果。

胫骨前推试验也是检查“十”字韧带损伤的一种方法。这个试验较容易操作，适于在患犬清醒时，或者患犬为大型/巨型品种时替代前抽屉试验。进行胫骨前推试验时，一只手固定股骨远端前侧，食指放在胫骨结节上，另一只手则抓住跖部，在保持膝关节角度不变的状态下屈曲跗关节。当“十”字韧带损伤时，上述动作会造成胫骨结节向前侧移动。应在膝关节处于不同屈曲和伸展角度的状态下重复这一试验，以免错过细微表现。

如需检查髌骨脱位，应将膝关节固定于伸展状态，并由外侧和内侧分别向髌骨施压。笔者通常还会在犬站立承重时检查髌骨脱位的严重程度。有时髌骨的位置不易分辨，此时可先辨认胫骨结节的位置，然后沿髌韧带触摸直至找到髌骨。操作时，可直接压迫髌骨本身，而这种按压同样可以用于检查髌后疼痛。至于股骨，其四周包裹着大量软组织和厚实肌肉，因而除了股骨髁和大转子之外的结构都很难进行触诊检查。

髋关节是一个可进行三维运动的杵臼关节。髋关节的检查一般从关节的屈曲和伸展开始，在犬深度镇静或全身麻醉的情况下还可进行其他更具体的检查。欧特拉尼试验和巴登试验是在髋关节发育不良患犬上常用的两种髋关节稳定性检查方法。进行欧特拉尼试验时，患犬需置于背卧位，股骨与脊柱垂直。检查者固定住犬膝关节，并向脊柱/台面方向施力，使髋关节处于背侧半脱位状态。接着检查者缓慢使股骨外展，直至感觉到“咔哒”弹响，这意味着股骨头已还纳入髋臼中。此时股骨所处角度称为“复位角度”。接下来检查者使股骨缓慢内收，直至髋关节再次脱位，此时股骨所处角度称为“脱位角度”。巴登试验则需要检查者用一只手扶住患肢膝盖内侧及股骨远侧位置，另一只手拇指放在大转子上，接着使股骨向外侧移位，以评估关节松弛程度。在巴登实验中，移位距离大于1厘米即应视为异常。

最后，应经直肠检查雄犬前列腺及所有患犬的腰下淋巴结——患前列腺疾病的雄犬可能表现后肢跛行或起身困难，而直肠检查还有可能发现导致跛行的骨盆内肿物。根据具体的检查发现，你可借助图13.2来确定恰当的诊断步骤。

神经学检查

神经学检查和骨科检查一样，也需要患病动物配合才能进行，故而检查时应尽量照顾动物的舒适度，否则容易得到假阳性结果，本体感受检查尤其是这样。神经学检查应从整体观察动物的精神状态、姿态和步态开始，而有可能造成疼痛的检查（触诊和痛觉检查）应放在最后进行。如果有可能，最好能够进行全面完整的神经学检查。各项目的顺序上，与临床异常更相关的项目可以安排在前面进行（以期能够在动物失去耐性之前完成）。如果一次检查后，还是不能明确定位病灶，可以再次进行检查，这样检出细微异常的可能性会更大一些，并且有可能显示症状随病程发展的趋势。

完成一套神经学检查后，可以思考以下两个问题：

- 动物的神经学表现属正常还是异常？
- 如果发现异常，病灶具体在哪里？

一旦成功确定了病灶在神经或肌肉系统中的位置及分布模式（单发、多发或弥散，详见表 13.1，图 13.2 和图 13.3），便可据此列出可供鉴别诊断的疾病（同时需考虑动物的特征、病史、是否疼痛以及最重要的——临床症状的发生和发展方式）。然后才能确保下一步的诊疗计划清晰合理。

无力和倒地动物的诊断思路在第六章和第七章已经进行了详细讨论，因而本章神经学部分将重点关注与骨科疾病表现类似的和 / 或临床上仅表现步态异常的疾患，如影响步态的脊柱疾病。

脊柱疾病可以粗略分为脊髓性和非脊髓性两类，因此对于背部疼痛致步态异常的动物，也应根据这个分类来进行鉴别——伴发神经障碍者为脊髓性病因所致，而未发生神经异常的则来自非脊髓性病因。那么，脊髓及其周围有哪些结构可能造成疼痛呢？神经实质本身没有痛觉感受器，因此脊髓实质内的病变通常并不痛。唯一的例外是来自躯体感觉系统疾病的神经性疼痛，如脊髓空洞症导致的疼痛，但患此病的动物可能只表现幻痒搔抓症状，而非步态异常。真正发生疼痛的脊髓疾病，通常来自脑脊膜、脊神经根、椎骨和 / 或椎骨间的关节结构（椎间关节或椎间盘）。

与骨科检查类似，神经学检查可分为以下几个部分：

- 整体观察
    - 精神状态和行为

表 13.1　损伤神经解剖学定位及常见表现

神经解剖学定位	前肢（影响步态）	前肢反射	后肢（影响步态）	后肢反射	患肢的姿势反射	其他
脊髓 C1~C5 段（脊柱 C1~C4）	是	完好—增强	是	完好—增强	降低—消失	
脊髓 C6~T2 段（颈膨大，脊柱 C5~T1/2）	是	降低—消失	是	完好—增强	降低—消失	
脊髓 T3~L3 段（脊柱 T2/3~L2/3）	否	完好	是	完好—增强	降低—消失	可能出现希夫-谢林顿姿势
脊髓 L4~S3 段（腰膨大）	否	完好	是	降低—消失	降低—消失	
神经肌肉系统——神经 *	可能	降低—消失	可能	降低—消失	降低—消失	
神经肌肉系统——神经肌接头 *	可能	完好（减弱）	是	完好（减弱）	完好（除非过于无力）	运动不耐受
神经肌肉系统——肌肉 *	可能	完好	可能	完好	完好（除非过于无力）	运动不耐受

* 详见第七章

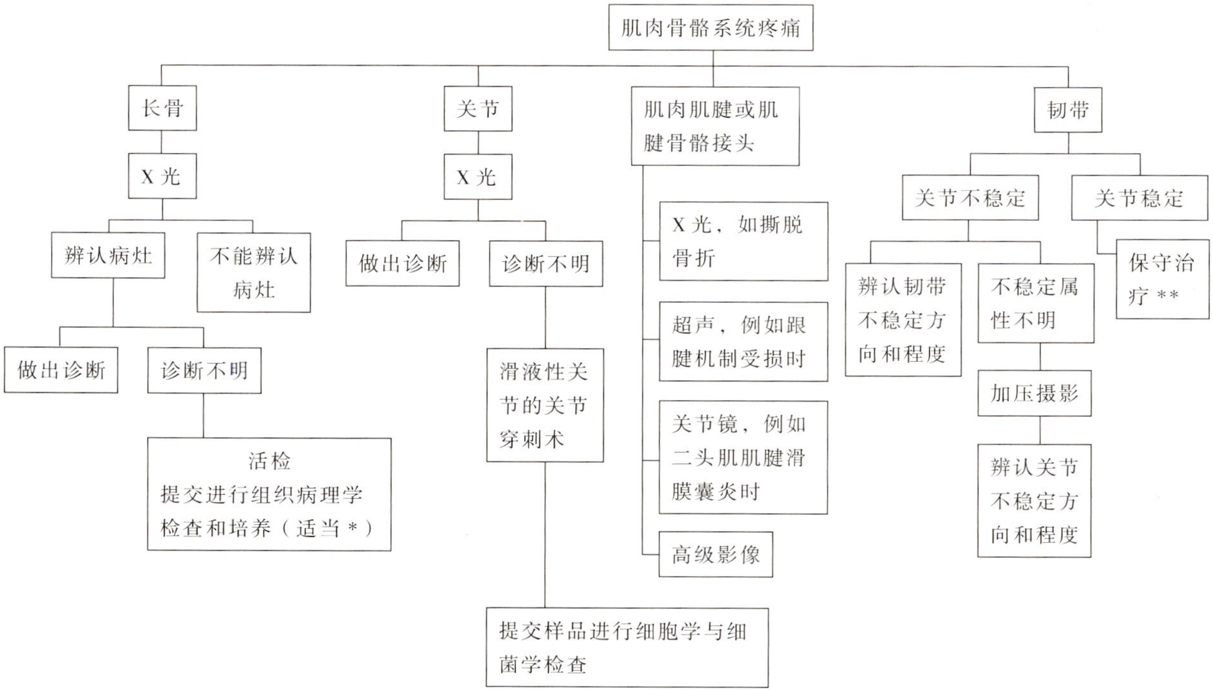

* 兽医须权衡活检的必要性以及活检操作本身的风险。

** 如韧带损伤为退行性疾病所致，则容易发展为关节不稳定。

图 13.2　肌肉骨骼系统疾病的诊断流程

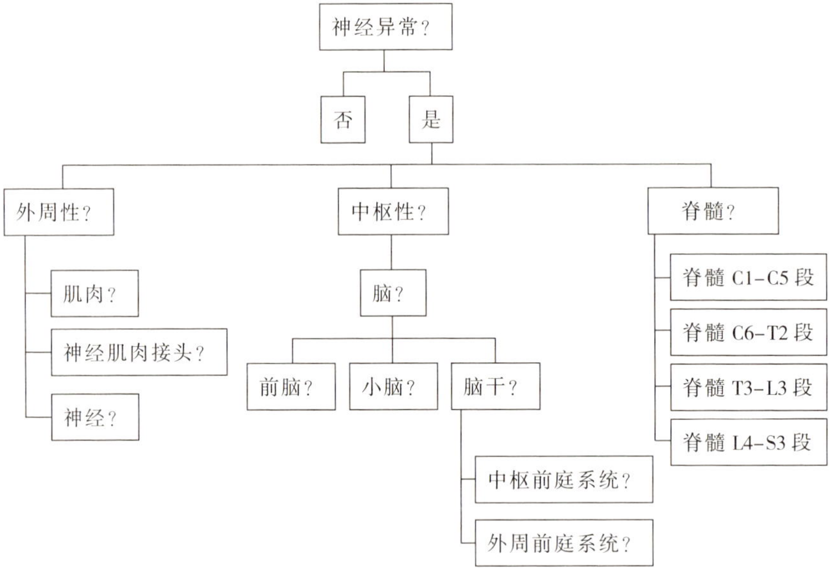

图 13.3 神经解剖学定位流程

- 姿态
- 步态
- 识别异常的非自主动作

- 操作检查
  - 姿势反应
  - 颅神经检查
  - 脊髓反射、肌张力及肌肉大小
  - 感觉评估

整体观察

神经学检查应始终遵循由远到近，由整体到局部，先观察，再对疑似异常的部位进行操作检查的顺序，以便辨识神经系统发生病变的具体部位。即便我们本章所介绍的神经学检查主要关注的是影响步态的脊柱疾病，在整体观察阶段你仍应至少检查动物的精神水平和质量（行为改变）以及恫吓反射（可筛查视觉及脑部多数主要区域的功能）。如果你发现精神状态和/或恫吓反射的任何异常，则有必要对动物进行全面的神经学检查。

具体操作与骨科检查类似，检查者从较远处观察动物行动。不过，因为细微的神经障碍在动物缓步前行时比较明显，这次我们不需要像骨科检查时那样观察快步步态。观察时，应首先辨认哪几肢有问题，并思考：

- 是否只有后肢不对劲，还是全部四肢，还是只有某一肢？
- 哪一（些）肢的表现最明显（前肢/后肢，左侧/右侧）？
- 动物的脊柱位置是否正常，是否有提示实质性脊髓疾病、脊椎疾病或疼痛的弯曲现象（脊柱背弯、腹弯或侧弯）
- 是否出现希夫-谢灵顿姿势？这是见于犬急性脊髓胸腰段损伤的一种特征姿势，具体表现是后肢麻痹，前肢伸展紧张（颈椎上部损伤也可能导致前肢紧张，但与希夫-谢灵顿姿势不同的是，颈椎损伤时前肢的姿势反应也会出现异常。）

共济失调是动作失去协调的现象。动物可能发生感觉性共济失调（本体感受）、小脑性共济失调或前庭性共济失调，也可能同时发生这几种。感觉性共济失调导致动物丧失感觉肢体位置的能力，常见表现是宽基步、摇摆步态、步幅延长（上运动神经元UMN损伤——病灶位于患肢相关脊髓膨大之前）或缩短（下运动神经元LMN损伤——病灶位于患肢相关的脊髓膨大处）以及拖曳步态或足趾擦地。此病来自外周神经、脊髓中、脑干或前脑的感觉（本体感觉）上行通路损伤。感觉性共济失调可见于发生脊髓疾病而继发步态异常的患犬，其步态表现本身与另两种共济失调（详见第七章）并不一定有很明显的区别，因此进行鉴别时需考虑其他特征性的临床症状。小脑性共济失调表现为无法控制动作的速率和幅度、躯干摇摆、辨距困难（常见为辨距过度而动作过大）以及运动性震颤。前庭性共济失调的特征则包括头部倾斜、眼球震颤、倾斜站姿、跌倒或向一侧滚倒。

轻瘫常与感觉性共济失调同时发生，但却不会出现在外周性前庭疾病或小脑疾病中。轻瘫是自主运动功能受限的现象，而自主运动完全丧失则称为麻痹。痉挛性（上运动神经元性）轻瘫或麻痹的病灶为患肢相关脊髓膨大前侧神经通路的损伤，而弛缓性（下运动神经元性）轻瘫或麻痹的病灶则位于患肢相对的运动单位中【脊髓膨大（患肢神经从脊髓发出的部位）至神经肌肉接头】。

不光是骨科疾病，神经疾病（神经肌肉性无力、神经根疼痛和其他神经根疾病征象）也同样可以导致跛行。

操作检查

姿势反应是用来检查传入本体感受（感觉）神经通路和传出运动神经通路的测试。所涉及的完整反射通路为：感受器→外周神经→脊髓→脑→脊髓→运动单元。由此可见，姿势反应基本上可以用于检查神经系统（脑、脊髓和外周神经系统）各部位的病变。观察步态可确认具体患肢，而姿势检查则可进一步证实该肢体的异常。各种姿势反应测试针对的神经通路基本类似，区别在于有些着重检查单个肢体（如本体感受爪掌放置检查、单脚跳反应）或多个肢体的功能（如单侧行走反应、独轮车反应、伸肌蹬踏反应）。动物的体型和脾性可能不允许我们挨个做完每一种姿势反应检查，不过，只要能够对动物功能做出有效评估，也就没有必要追求完成全部检查。很多猫无法忍受被人挪动爪掌，本体感受爪掌放置检查因而较难实施，但猫体重比较轻，抱起来比较容易，因此较适合进行伸肌蹬踏反应、单脚跳反应、位置反应（触觉性和视觉性）。单侧行走反应和单脚跳反应的移动方向应使动物偏离重心。另外，定位病灶时应留意考虑检查中发现的任何左、右反应不对称的情况。

脊髓反射检查——动物侧躺并轻柔保定，以便检查。首先检测肌张力是否发生改变。应激或兴奋可能增强肌张力，使反射效果削弱或倍增。另外如存在肌肉纤维化或关节挛缩，反射效果也会变弱，而如果缺少拮抗肌张力，则反射表现会增强（如坐骨神经损伤造成的假性反射亢进）。因此解读所观察到的反射表现时，最好结合其他检查的发现（步态、姿态以及肌张力）综合考虑。只有尝试过多种方式仍无法获得某个反射时，才能认为该反射减弱或消失。

- 反射减弱或消失提示病灶处于反射弧中（感受器→外周神经→脊髓→外周神经→神经肌肉接头→肌肉）
- 反射亢进说明反射弧的抑制机制消失，病变发生在该反射弧所处脊髓节段前侧的神经通路中
- 进行腱反射检查时，敲击肌腱以观察相应肌肉的反射性收缩，可表现为肢体移动（膝跳反射、膝关节伸展）或肌肉收缩（肱二头肌、肱三头肌或腓肠肌反射）
- 夹捏趾间皮肤可以引发屈缩反射，同时也可以作为检测伤害性感受的方法。但需注意肢体回缩不代表对痛觉的清醒感知。检查屈缩反射时应注意单独观察重点关节的屈曲程度
  - 后肢：重点观察跗关节屈曲情况（坐骨神经功能）
  - 前肢：重点观察肘关节的屈曲情况
- 检查脊髓反射时，还应留意对侧肢的交叉伸肌反射，这提示上运动神经损伤
- 会阴反射的检查方法是刺激会阴部位左、右侧，正常情况下这会引起双侧肛门括约肌收缩及尾部屈曲
- 轻拨脊柱背侧的粗毛可以触发皮干肌反射（膜反射），但不是所有的猫都会表现这种反射

脊柱触诊有一定风险，因而最好放在整个检查过程的后期进行，并且密切留意动物是否有发生椎骨损伤或不稳定的病史或潜在可能。触诊可以从脊柱的任何一端开始，但如果病史已经显示脊柱某处出现疼痛，则最好从另一端开始检查。轻柔触诊以检查任何萎缩、肿胀、肿物、肌肉挛缩、脊柱弯曲或错位，然后引导脊柱向腹侧、背侧及左右侧屈曲或伸展。当动物站立时应比较双侧对应肢体是否对称，而在动物侧卧进行完脊髓反射检查之后可以进行更加详尽的肌肉骨骼检查。

伤害性感受检查——顾名思义，此项检查最有可能引起动物抗

拒，因此应放在全过程的最后进行。止血钳可以提供较可靠的伤害性感受，是理想的检查工具。用止血钳钳住皮肤皱褶可测试浅层痛觉感受，用尖端戳刺趾骨或尾骨则可测试深痛。为避免不必要的痛苦，刺激机体时，应由轻柔开始，缓慢加重，直到观察到反应。动物需做出行为上的回应，如发出叫声或扭头来看，才能算作观察到了伤害性感受反应。回缩肢体只能说明反射弧结构完整，但不能代表对疼痛的清醒感知，因为正常的感知需要刺激信号由脊髓抵达脑部才可形成。在脊髓中，传递感觉情态的神经通路最不易受损，故而丧失深痛往往意味着严重的脊髓损伤，在判断预后上有重大意义。如果有必要，还应用皮肤感觉检查测试离散的神经自主区或皮区的功能。

4 确定病灶性质

位于肌肉骨骼系统的病灶

成功定位病灶之后，应采用最恰当的检查手段对异常区域进行更加详细的检查（一般是影像学检查）。检查肌肉骨骼系统病灶最常用的影像学检查是X线检查。不过具体投照角度及条件设置则取决于你心中等待鉴别排除的疾病。如果之前检出了长骨或关节疼痛，则拍摄患处的正交放射片诊断效果较好。如果不太确定所见究竟是否属于异常，可以拍摄对侧肢相应部位进行比较，这对仅单侧患病的动物尤其有用。

拍摄X线片后，应仔细观察平片，以判断病灶表现的影像学变化是良性还是恶性。有时从平片上可以看出关节积液，例如“十”字韧带疾病在影像学上常表现髌下脂肪垫前移，提示存在关节积液。如果在临床查体时发现关节不稳定的情况，或者平片检查无法确定造成疼痛的原因，则可考虑拍摄应力位片。应力位拍摄较常用于检查四肢远端（如跗部或腕部）的韧带损伤，但同样也可用于较近侧关节的检查。拍摄时可施外力使关节屈曲、伸展、内翻或外翻。所涉关节以及发生不稳的方向是决定最适治疗方案的重要因素。并不是发现关节不稳就必定要拍摄应力位片，具体策略取决于你的临床决定。比如，前抽屉试验和胫骨前推试验的阳性结果基本就足以推断交叉韧带损伤，此时便没有必要再拍摄应力位 X 线片。

肌肉肌腱连接处、肌腱骨骼连接处或肌肉本身的损伤使用超声扫查或其他高级影像学技术进行检查效果较好。而如果影像筛查未发现异常，也可考虑滑膜关节穿刺以检查任何涉及关节的炎性或感染性病变。

一旦确定了病灶的具体部位，下一步便是判断患处发生的病理变化，即病灶的性质。病灶可依病理过程不同分为几大类。可使用“DAMNIT V”及“染发伤畸代 退炎养血瘤”等口诀[①]帮助自己记忆可能发生的各类病理过程（表 13.2）。

动物的特征、临床症状的发生发展、病程、旅行史、症状的轻重、患肢数、病灶包括单骨还是多骨等因素，都可用来对疾病的可能性进行排序。另外，兽医还应在诊断推理过程中反复自问，看自己当前的推测是否与病史及临床表现相符。举个例子，一只 8 岁的雄性拉布拉多犬出现急性无法负重的后肢跛行。该犬早年曾被确诊髋关节发育不良，并一直接受保守治疗。那么该犬的病情为何现在突然恶化了呢？作为兽医，你除了考虑髋关节发育不良病史的影响，这时还应考虑到其他与现有症状有关的疾病，如化脓性关节炎及椎间盘疾病。

位于神经系统的病灶

确定病灶位于神经系统后，下一个亟待回答的问题便是：是什么病？即，病灶的性质。与上文的骨科疾病类似，你同样可以按病灶的十大类别来思考可能的疾病。只不过，神经系统中可待鉴别的营养性和代谢性疾病较少。另外，在判断疾病类型时，不仅需考虑病程发展、临床表现、障碍是否左右对称以及是否疼痛，还应将动物的特征（物种、品种、年龄、性别，等）、所处地区以及所处群体的常见病等因素纳入考量（图 13.4）。

① 译注：病灶可分为退行性（D）、发育性（D）、畸形性（A）、代谢性（M）、肿瘤性（N）、营养性（N）、炎性（I）、感染性（I）、外伤性（T）、血管性（V）十种，文中口诀都是方便记忆而做了简写的版本，读者也可以按自己的偏好找到适合自己的记忆方法。

表 13.2 肌肉骨骼疾病的鉴别诊断

分类	前肢	好发年龄	是否疼痛	起病	病理性骨折
退行性	—	—	—	—	—
发育性	肘关节发育不良	幼，成	痛	缓	
	剥脱性骨软骨炎	幼	痛	缓	
	椎间盘软骨核滞留	幼		缓	
	前肢成角畸形 †	幼，成	痛	缓	
畸形性	泛骨炎	幼	痛	急	
	增生性骨病	成	痛	缓	
代谢性	增生性骨营养不良	幼	痛	急	
	肾性甲状旁腺功能亢进	成	（痛）	缓，急	可致病理性骨折
肿瘤性	原发性骨肿瘤	幼，成	痛	缓，急	可致病理性骨折
	转移性骨肿瘤	成	痛	缓，急	可致病理性骨折
营养性	营养性甲状旁腺功能亢进	幼	（痛）	急	可致病理性骨折
	维生素 A 过多症	幼，成	痛	缓	
	维生素 D 缺乏症	幼，成	（痛）	缓，急	可致病理性骨折
炎性/感染性	免疫介导的多发性关节炎	幼，成	痛	缓，急	
	化脓性关节炎	幼，成	痛	急	

续表 13.2

分类	前肢	好发年龄	是否疼痛	起病	病理性骨折
外伤性	骨折	幼，成	痛	急	
	脱位	幼，成	痛	急	
	韧带损伤	幼，成	痛	急	
	肌腱损伤	幼，成	痛	急	
	肌肉挛缩症 †	幼，成	痛	急	
血管性	骨梗死 *	成		急	
分类	后肢	年龄	疼痛	起病	会否发生病理性骨折
退行性	“十”字韧带疾病	幼，成	痛	缓，急	
	跟腱断裂，如杜宾犬 **	成	痛	缓，急	
	掌韧带退行性病变	成	痛	缓	
发育性	髋关节发育不良	幼	痛	缓	
	膝关节脱位	幼	痛	缓，急	
	剥脱性骨软骨炎	幼	痛	缓	
	后肢成角畸形 †	幼，成	痛	缓	
畸形性	泛骨炎	幼	痛	缓	
	增生性骨关节病变	成	痛	缓	
代谢性	增生性骨营养不良	幼	痛	急	
	肾性甲状旁腺功能亢进	成	（痛）	缓，急	可致病理性骨折
肿瘤性	原发性骨肿瘤	幼，成	痛	缓，急	可致病理性骨折
	转移性骨肿瘤	成	痛	缓，急	可致病理性骨折

续表 13.2

分类	前肢	好发年龄	是否疼痛	起病	病理性骨折
营养性	营养性甲状旁腺功能亢进	幼	（痛）	急	可致病理性骨折
	维生素 A 过多症	幼，成	痛	缓	
	维生素 D 缺乏症	幼，成	（痛）	缓，急	可致病理性骨折
炎性 / 感染性	免疫介导的多发性关节炎	幼，成	痛	缓，急	
	化脓性关节炎	幼，成	痛	急	
外伤性	骨折	幼，成	痛	急	
	脱位	幼，成	痛	急	
	韧带损伤	幼，成	痛	急	
	肌腱损伤	幼，成	痛	急	
	肌肉挛缩症 †	幼，成	痛	急	
血管性	骨梗死 *	成		急	
	莱格氏病	幼	痛	急，缓	可致病理性骨折

注：* 骨梗死——长远来看，骨髓梗死造成的损伤有限，但是此症可能与全髋置换术或肿瘤有联系。

** 患慢性退行性跟腱疾病的杜宾犬可能呈现急性发作的跟腱损伤。

† 疾病可能也可能不伴随疼痛

成 = 成年，老年犬

幼 = 幼犬

痛 = 可能伴随疼痛

缓 = 缓和起病

急 = 急性起病

（痛）= 发生病理性骨折时才出现疼痛

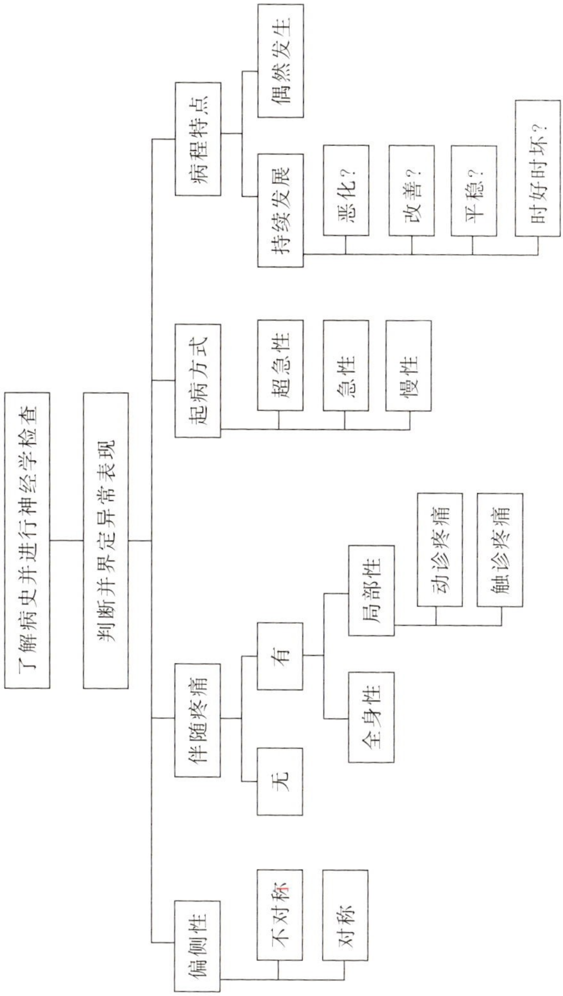

图 13.4 神经系统疾病临床推理中值得考虑的因素

神经学“五指法则”（又称“神经手法则”，五指对应发病、临床病程、疼痛、偏侧性及神经解剖学定位。详见第七章）是一种指导临床推理思路的好方法。运用此法确定可能疾病之后，你可结合动物的特征再进行更深入的辨析。

致痛的非脊髓性脊柱疾病

只出现背痛而没有任何神经学异常的动物应接受全面详细的骨科检查以排除多发性关节炎。其他待鉴别的可能疾病有炎症、感染性疾病和肿瘤。如果动物此前受过外伤，则需将脱位和骨折纳入考虑。如前文讨论过的，脊髓空洞症是脊髓性疾病中的例外，导致疼痛且没有其他神经症状，因而需与其他致痛的非脊髓性疾病相鉴别。例如，脊髓空洞症与激素响应性脑膜炎关节炎（SRMA）的临床表现非常相似（非脊髓性颈椎疼痛），但如果将病史纳入考虑，则可以将两者区分开来——脊髓空洞症是一种缓慢发展的疾病，而 SRMA 则往往为急性发作且有发热表现（不过需注意 SRMA 也可能周期性发作，动物可能过去有疼痛发作史）。而如果你再考虑品种（脊髓空洞症发生在小型短头犬中，而 SRMA 常见于边境牧羊犬、比格犬、拳师犬、小灵狗、杰克・罗素㹴及魏玛猎犬）和年龄（脊髓空洞症好发于年轻动物），你便基本能成功鉴别这两种不同的疾病了。而后，你可采取脑脊液样本确诊 SRMA（根据你所处的地区，你可能需要考虑排除感染性疾病），或用 MRI 扫描确诊脊髓空洞症。

脊髓性脊柱疾病

神经学“五指法则”（发病、临床病程、疼痛、偏侧性及神经解剖学定位）可以高效鉴别脊髓疾病（详见表 13.3）。下面是一些实例：

- 发生特急性、非渐进性或逐渐改善、少见疼痛、偏侧性神经症状（集中于脊髓 T3-L3 段）的动物有 98% 的概率患有自发性脊髓疾病，如纤维软骨栓塞（FCE）或高速少量椎间盘脱出（急性非挤压性髓核脱出 ANNPE）

表 13.3 常见脊髓疾病鉴别诊断

分类	急性，非渐进性	急性，渐进性	慢性，渐进性
退行性		I 型椎间盘病（痛，偏，成，幼）	脊髓型颈椎病（痛，偏，成，幼） II 型椎间盘病（痛，偏，成） 退行性脊髓病（偏，成） 脱髓鞘性神经病（幼） 轴突疾病和神经元疾病（幼） 蛛网膜下憩室（偏，幼，成） 品种特异性脊髓病，如阿富汗猎犬脊髓病（幼） 贮积疾病（幼）
畸形性			类查理氏畸形和脊髓空洞症（幼，成） 脊椎畸形（幼） 环枢脱位 / 半脱位（幼） 脊髓闭合不全（幼）
肿瘤性		原发瘤（偏，成） 转移瘤（偏，成） 骨肿瘤（痛，偏，成）	肾母细胞瘤（偏，幼） 原发瘤（偏，成） 转移瘤（偏，成） 骨肿瘤（痛，偏，成）
营养性			维生素 A 过多症（幼，成）

续表 13.3

分类	急性，非渐进性	急性，渐进性	慢性，渐进性
炎性/感染性		犬瘟热（痛，偏，幼，成） 猫传腹（痛，偏，幼） 原虫性（痛，偏，幼） MUA（痛，偏，成） 椎间盘脊柱炎（痛，篇，幼，成）	犬瘟热（痛，偏，幼，成） 猫传腹（痛，偏，幼） 原虫性（痛，偏，幼） MUA（痛，偏，成）
外伤性	骨折（痛，偏，幼，成） 脱位（痛，偏，幼，成） 挫伤（偏，幼，成） ANNPE（偏，幼，成）	ANNPE（偏，幼，成）	
血管性	梗死（FCE；偏，幼，成） 出血（偏，幼，成） 血管畸形（偏，幼）		

注：成 = 成年，老年犬

幼 = 幼犬

痛 = 可能伴随疼痛

偏 = 症状不对称，可能存在偏侧性（一侧比另一侧严重）

MUA= 无名脑膜脑脊髓炎

ANNPE= 急性非挤压性髓核脱出

蓝色字表示可引起脊髓疼痛但不伴随神经症状的疾病

- 汉森 I 型椎间盘疾病（椎间盘脱出）是急性起病、不断恶化、伴有背部疼痛、偶见偏侧性的脊髓疾病（常发于脊髓 T3-L3 段）。表现上述特征的病患中 90% 发生了汉森 I 型疾病
- 相反，汉森 II 型（椎间盘突出）疾病则起病较缓，病程较平稳，但仍有背部疼痛
- 无名脑膜（脑）脊髓炎（MUA）是一种急性起病、不断恶化的疼痛性脊髓疾病。MUA 的神经解剖学定位较常呈现多发性（可能性是单发性的 4 倍，累及多段脊髓和 / 或脑部）。另外，很多 MUA 患病动物同时表现精神状态改变及颅神经症状

由这些例子可见，思考疾病的病生理原理并借助“五指法则”可帮助我们清晰鉴别纳入考量的各种疾病。如果你这时再考虑一下群体中的发病统计结果和动物特征，你甚至很可能在开始检查项目之前就已经找到了最合理的那个诊断可能。很多神经疾病需要高级影像检查和 / 或脑脊液分析，而你的“经费”有限，这时你便可以本章提及的诊断思路作为指导框架来缩小待检范围，只进行最必要的检查，或是知会主人你的推断。

本章总结

步态异常病患可能患有骨科疾病、神经疾病或两者兼有。骨科检查和神经学检查是协助兽医构建合理鉴别诊断清单，并进一步制定恰当的检查策略进行确诊的两个关键诊断手段。

第十四章　瘙痒及皮屑

Andrea V. Volk 和 Jill E. Maddison
皇家兽医学院，临床科学与服务系，伦敦，英国

简介

瘙痒及皮屑是两种在伴侣动物（尤其是犬）最为常见的皮肤疾患。造成这两种症状的原因有很多，本章并不会过多关注具体皮肤疾病的细节，而将主要就瘙痒及皮屑的致病机理进行讲解，并为评估发生瘙痒和/或皮屑的病患提供一个比较系统的思路。

瘙痒

瘙痒是一种使动物想要抓挠的皮肤不适感。生理学上，瘙痒的生理学作用是便于动物感受并除去外寄生虫。瘙痒是一种自发产生，与疼痛无关的感觉，通过特殊的痒觉神经通路传入丘脑。痒觉得到识别后抓挠行为便即产生，以便通过引入痛觉覆盖痒觉。因为向丘脑发出的痒觉投射会被痛觉呈递神经抑制，而反之亦然。如果痛觉神经遭到抑制，瘙痒感觉将加剧。这一规律的一个例子是：人类患者用吗啡止痛后会发生皮肤瘙痒。需要注意的是，在动物身上我们只能通过观察，将其挠痒的行为解读为瘙痒发生的信号。

瘙痒的病生理原理

理解瘙痒的病生理原理将有助于兽医采取合理的止痒策略。

痒觉感受器

痒觉感受器是表皮，表皮真皮交界处及真皮内分布的特殊神经末梢。瘙痒介质激活痒觉感受器之后，痒觉通过传入神经纤维和慢传导C纤维传递至脊髓背角，继而通过痒觉特异性神经通路传入丘脑。

瘙痒介质

主要由T_H2细胞产生的细胞因子IL-31是人类及犬科动物的主要痒觉细胞因子。其他可以激活痒觉感受器的瘙痒介质包括主要由T细胞及肥大细胞分泌的IL-2（推测还有IL-6和IL-8），角质形成细胞分泌的神经多肽，激肽类物质（包括缓激肽），胺类（包括组胺），蛋白酶（如中性粒细胞，细菌，真菌，肥大细胞或其他炎症细胞所分泌的蛋白酶），前列腺素，白细胞三烯，神经营养素及P物质。有趣的是：不同介质在不同物种，甚至不同品种犬身上造成的瘙痒程度不同，能具体解释这些区别的机制尚待阐明。

皮肤炎症中存在的瘙痒介质导致瘙痒和炎症进入不断延续的恶性循环。研究显示对角质形成细胞，默克尔（Merkel）细胞，肥大细胞和郎格罕细胞的长期刺激可使它们产生神经生长因子（NGF），进而导致更多痒觉神经纤维分布在表皮和真皮中。这一机制可以解释为何慢性瘙痒越来越难得到控制，尤其在未能尽早实施恰当治疗的情况下。

中枢因素

针对人类的研究显示，在下列情况下痒觉阈值会降低：

- 夜间
- 皮肤温度升高
- 皮肤含水量下降
- 心理刺激增强

应激会促使组织释放多种阿片肽，从而加重瘙痒。与痒觉构成竞争的其他皮肤感觉（痛觉、触觉、热觉和冷觉）可能加强或减弱痒觉，因此，在缺少其他感觉信号的夜晚时段，瘙痒感往往会加重。

止痒物质

糖皮质激素对大多数病例都有持久的疗效，是止痒的首选药物。另外环孢素及新型窄谱止痒药奥拉替尼也是疗效与糖皮质激素相似的优质替代药品。市面上还有许多其他非激素类疗法大行其道，包括马罗皮坦（抗P物质药）、大麻类药物、κ阿片受体激动剂、冷觉薄荷醇受体TRPM8（M型瞬时受体电位通道8）激动剂等，然而它们的疗效各不相同，而且治疗作用也缺乏证据支持。

对瘙痒病患的诊断思路

1 界定异常表现

动物主人有时意识不到宠物的某些行为与瘙痒有关，因此兽医需要向主人们科普除抓挠之外的其他瘙痒表现，如：

- 打滚
- 磨蹭
- 啃咬
- 疾冲
- 甩头
- 舔舐

可以鼓励动物主人按照已有的“标准瘙痒视觉模拟评分（VAS）标尺”评估宠物的瘙痒反应，这个标尺同样可以用来监测止痒治疗的效果。对轻度瘙痒的动物，问诊时可以重点关注除发痒之外，动物生活其他方面的质量。因为有些动物（比如过敏性皮炎病患）可能会长期感觉瘙痒，此时评估对其生活质量的影响就变得比较重要。

上述交流可以让动物主人对疾病性质和治疗有一个合理的期待，这一点将非常有利于慢性瘙痒病患的长期管理。

2 判断所涉及的系统

瘙痒最主要影响到的机体系统是皮肤。初始病因可能来自皮肤本身（原发性皮肤病）或继发于其他全身性疾病（如胆管及肾脏疾病）、神经疾病（详见第十三章）或强迫性的行为异常（详见第七章）。

3 判断病灶位置

病灶分布

瘙痒灶的具体分布是进行鉴别诊断的重要依据之一。外寄生虫疾病如疥螨引起的瘙痒主要集中在毛发稀少的部位，例如耳廓边缘、肘部伸肌侧以及飞节处；蠕形螨感染则较常见于面部及足部；跳蚤和姬螯螨主要在胯背处造成瘙痒。而反过来过敏性疾病的患犬和患猫的瘙痒灶则分别主要分布在躯体屈曲的区域，或肢体内侧及腹侧。

4 确定病灶性质

主要病因

很多皮肤病会引起瘙痒，其中最主要的有下面这几种（详见图 14.1）：

- 外寄生虫（及内寄生虫）
- 感染（细菌、真菌、病毒或原虫）
- 过敏性皮肤病（跳蚤、食物、环境过敏等）

瘙痒

外寄主虫？（内寄生虫？）

发现皮屑→篦子梳毛或透明胶带取样（不染色直接镜检）

检查跳蚤虫体 / 粪便、姬螯螨、虱子及蠕形螨（如犬毛囊螨）

发现丘疹，痂皮，粉刺，脱毛→皮肤磨削（至毛细血管渗出）；猫则进行硫酸锌浮选粪检。

检查疥螨虫体 / 粪便或蠕形螨成体 / 幼体 / 虫卵

发现毛囊管型→拔取毛发；

镜检蠕形螨成体 / 幼体 / 卵

发现无外伤肛周瘙痒→取粪便样本；

检查内寄生虫

发现爪掌瘙痒—如果上述样本皆为阴性，则考虑皮肤活检；

检查土壤拟原虫幼虫

感染？（细菌、真菌、病毒、原虫）

发现脓疱→脓性内容物按压涂片染色镜检（DiffQuick 染色）

检查炎性细胞种类，有无细菌及其种类，有无棘层松解细胞

发现湿黏病灶→脓性内容物按压涂片染色镜检（DiffQuick 染色）

检查炎性细胞种类，有无细菌及其种类，有无马拉色菌，有无其他细胞

发现毛囊管型 / 皮屑 / 脱毛→伍氏灯检查 / 拔取毛发 / 皮肤真菌培养

发现丘疹 / 领圈样皮损 / 红斑→透明胶带取样染色镜检（DiffQuick 染色）；检查炎症细胞种类，有无细菌及其种类，有无马拉色菌，有无其他细胞；

检查有无皮肤真菌成分，如毛发的苹果绿荧光，真菌孢子或皮肤真菌培养阳性；

如上述检查皆为**阴性**，但临床表现疑似病毒或原虫感染→皮肤活检

重点在表皮层检查病毒感染的典型病理表现（如疱疹病毒），或使用特殊染色 / 免疫荧光进行检查（如利什曼原虫无鞭毛体）

过敏性皮炎？（跳蚤、食物、环境、过敏症）

所有可能引起瘙痒的外寄生虫和感染性原因都被排除或控制后，若瘙痒仍旧存在且集中于脸部、足部和肢体屈侧，且类固醇治疗有效，则可（**未凭借临床证据的**）诊断为过敏性皮炎

探究具体的过敏病因：

1. **跳蚤试验**。连续 3 个月，每个月严格对所有接触动物进行除蚤，使用外寄生虫杀虫剂喷洒所有接触环境，包括至少一次的车内和笼箱除蚤。控制继发感染并观察疗效。

2. **日粮试验**。严格饲喂动物未接触过的单一蛋白质来源及（理想状态下）单一碳水化合物来源日粮（家庭自制，水解蛋白商品粮或严格的新蛋白质兽医处方粮），持续至少两个月，同时控制继发感染并观察疗效。

3. 如上述两因素均可排除，或经试验后仍持续存在造成不适的瘙痒→可诊断为环境过敏，即典型特应性皮炎

对症治疗：（糖皮质激素，钙调磷酸酶阻断剂，JAK 阻断剂）；

或者

对因治疗：依据皮内测试或特异性过敏原的血清测试选择过敏原特异性免疫疗法

图 14.1 伴侣动物瘙痒现象的诊断思路

发作速度

迅速发作的瘙痒提示急性继发性浅层脓皮病、马拉色菌性皮炎、外寄生虫（特别是疥螨、姬螯螨或跳蚤）、或摄入致敏物质。而环境过敏的病患则更可能在进入过敏季节时出现逐渐加重的瘙痒。另一种出现急性瘙痒的可能原因是动物患上了某种全新的疾病，例如原本患有轻度慢性特应性皮炎的动物得了嗜上皮性淋巴瘤。

季节性

如果瘙痒仅在特定季节发生，则说明疾病很可能有赖于诱发因素才能发作。比如：

- 跳蚤导致的瘙痒在夏季更常见
- 青草过敏更常见于春夏季
- 室内尘螨及储存尘螨过敏病例常在十月至次年一二月份出现激增

长期反复发作的瘙痒症状比较有可能与食物过敏和/或尘螨过敏有关。另外家中某些特定事件引起的精神状态变化也可能加剧瘙痒（例如客人来访、施工、搬家、新宠物入门、喜爱的家庭成员住院等）。

原发病灶

识别原发病灶并与继发病变相鉴别是瘙痒症诊断的重要一步。例如，原发病灶是毛囊脓疱时，可能疾病的范围便收窄到有限的几种（脓皮病、脓疱性癣病、落叶性天疱疮、其他非感染性脓疱性疾病等），而且兽医可以凭借病灶性质选择恰当的检查手段（如脓疱内容物压片镜检等）来确定诊断假设或决定下一步的检查方向。相反，如果识别出原发病灶是丘疹，相应的诊断方向则会偏向疥螨及其他外寄生虫感染、早期脓皮病（如为毛囊丘疹）或过敏性皮炎。恰当的检查手段则为皮肤刮片镜检。

如果皮肤外观正常，动物却瘙痒不止（这种情况称为原发性瘙痒，即除瘙痒外不表现任何皮肤病变)，则应考虑过敏性皮肤病，全身性疾病（尤其是肾脏及胆管系统疾病）、神经性疾病（脊髓空洞症所致头颈部刺痒幻觉引起的无谓抓挠）及强迫性的行为异常。

继发病灶

继发病灶如表皮脱落、皮肤苔藓样变、结痂、开裂、生茧也对得出诊断结论有重要作用。兽医可以根据这些病灶判断瘙痒的程度以及病程长短。另一些继发病灶如领圈样皮损、糜烂和溃疡也可有一定的诊断意义，甚至可能是脆弱的原发病灶（如自身免疫病的水疱和脓疱等）破溃消失后可观察到的仅存病变。

继发感染

继发感染是很多瘙痒性皮肤病常见的并发症，而继发感染本身也会引起瘙痒。因此，一旦确诊需使用抗生素治疗的感染病灶，应当首先停止使用激素类药物，待感染控制住后再重新检查皮损表现和瘙痒的性质，以便寻找到根本病因。然而，对于患有过敏性皮肤病，但只表现继发脓皮病症状的犬，如果脓皮病治愈的时间正处于过敏发作的间歇期，则犬可能不会表现出源自过敏性皮肤病的瘙痒症状。

自伤

不幸的是，瘙痒引发的自伤会诱使机体释放更多的瘙痒介质，于是动物便进入了一个“痒→挠→更痒→挠得更狠”的恶性循环，甚至原始的病因已经痊愈也无法停止。无止境的瘙痒使痒觉感受器神经纤维数量增加，进而对瘙痒更加敏感，最终随着时间推移发展成皮肤感觉过敏。

皮屑

人类的大多数皮屑相关皮肤病与皮脂分泌过多或分泌发生变化有

关，因此又称为脂溢性皮炎。这个概念在兽医学中其实存在误读——脂溢性皮炎的关键特征是“皮脂四溢”，但兽医在处置时其实并不会区分动物的干性角化障碍（曾称为“干性皮脂溢“）和油性角化障碍（曾称为“油性皮脂溢”）。因此近二十年来，此病的名称已经逐渐依据病因改为角质形成障碍 / 角质化障碍。

通常人们在使用时并不会区分角质化障碍和角质形成障碍这两个名词，但严格说来，角质形成只是角质化的一个阶段。角质形成是指角质形成细胞进行分化并在细胞中积聚中间纤维的过程，而角质化还包括接下来形成脂质和角化的包膜结构（蛋白交联产物）、胞核及细胞器分解以及最终脱落的全过程。

皮屑病患的诊断思路

1 界定异常表现

角化障碍病患的临床表现（图 14.2）除皮屑增多外，还可能出现以下情况：

- 皮毛油腻和 / 或异味
- 皮毛、爪子或脚垫变化如：
  - 毛发或爪甲无光泽且脆弱易断
  - 脚垫增厚，并可能伴有开裂

2 判断所涉及的系统

角化障碍涉及的主要系统是皮肤，但致病因素却可能来自内分泌疾病（如甲状腺功能减退、肾上腺皮质功能亢进以及性激素失衡）、营养性病因或全身性肿瘤。因此发现角化障碍后，需仔细鉴别疾病究竟为原发性（即特发性或遗传性）还是继发性（内分泌、营养或肿瘤性）。如果导致继发性角化障碍的基础病得到恰当诊断并成功控制，则角化障碍也通常会随之消失。而原发性角化障碍通常无法治愈，为保证动物及主人双方的生活质量，需要终身进行治疗管理。

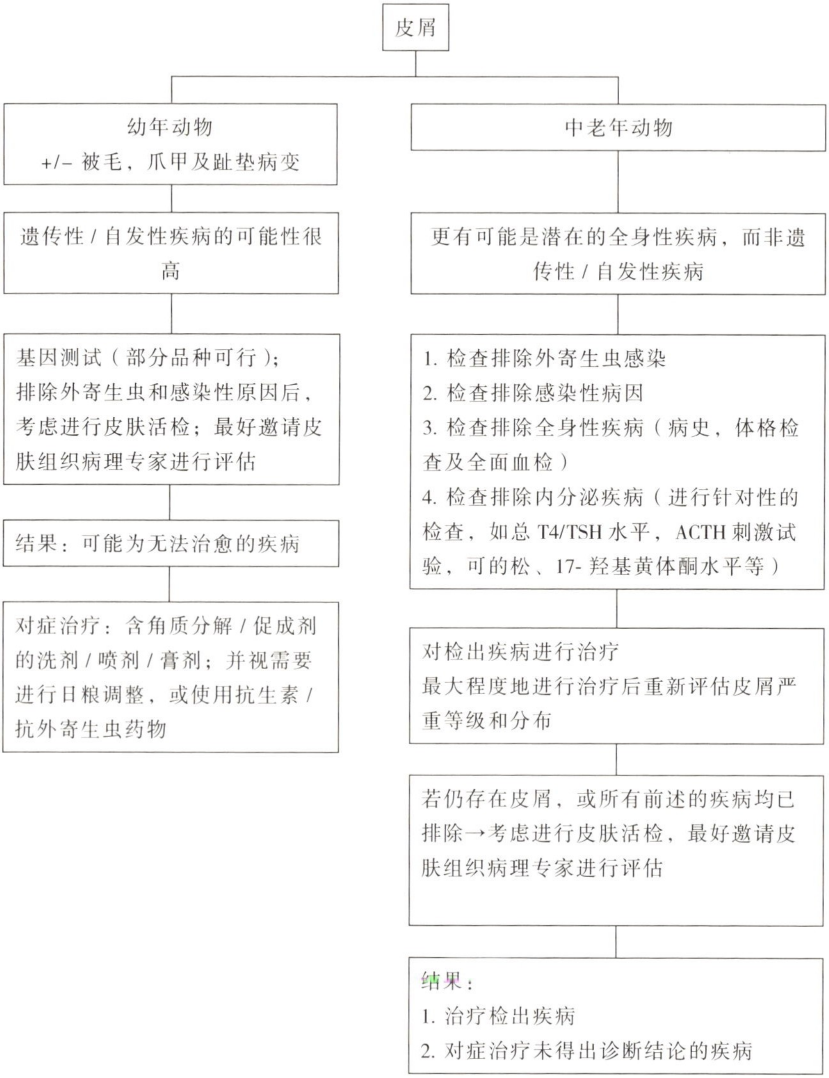

图 14.2 伴侣动物皮屑症状的诊断思路

关键线索

原发性角化障碍比较常见于年轻动物，病变可能仅侵害局部，也可能遍布全身，一些品种会更容易出现此病。另外，原发性角化障碍的动物通常大体健康，而全身性病灶也不仅局限于皮肤，通常还会同时损害皮毛、爪甲和脚垫。

如果动物已近中年甚至老年，却初次出现皮肤疾患，或新近发生皮屑，则应考虑继发性角化障碍。鉴于病患的年龄，应进行详尽的身体检查及包括药物接触史在内的病史采集，此时可以凭借是否存在瘙痒来对可能疾病进行排除。

3 判断病灶位置

分类

临床上，角化障碍最主要的特征便是皮屑增多。另外还可能存在皮肤增厚（苔藓样变）、皮脂分泌增多以及炎症（继发或不继发细菌感染）。皮屑来自表皮最外侧的角质层，可能仅包含无细胞正常结构的真性角质细胞，也可能包含有细胞核结构的半角质细胞，后者通常看上去较厚。

下面是一些角化障碍疾病的例子：

- 腊肠犬耳边缘皮肤病的局部遗传相关角化障碍（干性）
- 巴塞特猎犬全身性遗传相关油性角化障碍
- 甲状腺功能减退患犬的获得性角化障碍

4 确定病灶性质

原发性皮屑相关疾病

全身性疾病

- 鱼鳞病

   - 诺福克㹴表皮松解性鱼鳞病（表皮层松弛或水疱）
   - 金毛寻回犬、杰克·罗素小猎犬、查理士王小猎犬及其他品种的非表皮松解性鱼鳞病（无表皮层松弛或滞留现象）
- 锌代谢异常
   - 斯堪的那维亚犬种的I型锌反应性皮肤病综合征
   - 英式牛头㹴致死性肢端皮炎

局部性疾病

- 腊肠犬耳边缘皮肤病
- 拉布拉多犬鼻部角化不全
- 波尔多犬、爱尔兰㹴和拉布拉多犬的鼻部及足部过度角化症
- 波斯猫特发性面部皮肤病
- 猫种马尾，好发于长毛猫

继发性皮屑相关疾病

全身或局灶性呈现取决于致病原因

- 外寄生虫——特别是以下几种：
   - 姬螯螨
   - 疥螨
   - 跳蚤
   - 蠕形螨
- 感染
   - 脓皮病
   - 癣病
   - 利什曼原虫病
   - 猫白血病
   - 与皮屑相关的巨细胞皮肤病
- 内分泌疾病——仅举几例
   - 甲状腺功能减退
   - 肾上腺皮质功能亢进

    - 性激素失衡
- 自身免疫病——仅举几例
    - 皮脂腺炎
    - 红斑狼疮
    - 落叶性天疱疮
    - 多形性红斑
- 药物副作用
- 肿瘤
    - 原发性皮肤肿瘤
        - 例如嗜上皮性 T 细胞淋巴瘤
    - 伴癌皮肤综合征
        - 例如继发于胸腺瘤的皮肤综合征
- 营养性病因
    - 进食缺锌日粮或高植酸日粮的大型犬出现的 II 型锌反应性皮肤病综合征
    - 维生素 A 缺乏
- 代谢性病因
    - 浅层表皮坏死溶解性皮炎（肝性皮肤综合征）

诊断

皮屑病患的检查手段应包括针对外寄生虫及感染等局部皮肤病的方法（如皮肤刮片镜检、细胞学检查及病原培养），以及可诊断角化障碍等全身性病因的项目。可根据是否存在瘙痒症状来选择相应的检查项目，但应注意仅凭无瘙痒一点并不能排除局灶性疾病。一个例子是：大部分外寄生虫病会伴有瘙痒，但蠕形螨却不致痒；同样的，大部分皮内感染性疾病会出现瘙痒，但癣病和利什曼原虫病却可能不会致痒。另外还应注意的是：在患有内分泌疾病如肾上腺皮质功能亢进时，机体痒觉可能发生障碍，而使本该出现瘙痒的疾病不发痒。

接下来，当动物未发生瘙痒，且/或出现其他与全身性疾病相关的临床症状时，应进行血常规及生化试验；如需排除正常甲状腺病态综合征，则还应测定甲状腺素总量及TSH水平。如果根据患病动物的特征（比如患非受控糖尿病的中老年犬猫）怀疑肾上腺皮质功能亢进，可检测尿皮质醇：肌酐比率（注意应尽量在家采取尿样以避免来院应激状态影响检测结果）。如结果为阴性，则可排除肾上腺皮质功能亢进，如结果为阳性，则还应进行ACTH刺激试验或低剂量地塞米松抑制试验进行确诊。如怀疑性激素失衡，则可在ACTH刺激试验中检测17-羟基黄体酮。

皮肤活检

排除外寄生虫、感染性病因及内分泌疾病等全身性病因后，接下来可进行皮肤活检来进一步诊断。皮肤活检应从皮损部位取样。样本应包含全部3层结构（表皮、真皮和皮下组织），皮肤未经任何预处理（未清洁、未擦洗、未杀菌），且根据部位不同越“大块”越好（直径8毫米比较理想）。皮肤组织病理学样品，尤其是皮屑相关疾病样品的解读较为复杂，耗时较长（读片时间通常是其他部位样品的3倍），对病理检验师的专业能力也有较高要求。因此，如果条件允许，最好将活检样品寄给皮肤组织病理学专家判读，同时为方便诊断，可附上临床表现的照片，并争取在完成判读后与专家就病例进行详细深入的讨论。

应尤其注意不要在尚未排除感染和外寄生虫病因之前，一上来就做皮肤活检。否则，万一样本中存在感染和/或寄生虫侵扰，组织病理学检查观察到的就都会是与之相关的表现，即便同时有皮脂腺炎之类的病变也会遭到掩盖而看不出来了。另外，并不是进行组织病理学检查就板上钉钉地可以得到“最终确诊”，没有得出诊断结论的情况也很多见，应在这方面与动物主人做好沟通。万一遇到活检样品无法得出组织病理学诊断的情况，可以邀请其他病理学或皮肤病专家协助读片，或者根据你最怀疑的备选诊断进行试验性的治疗。

本章总结

瘙痒和皮屑都是小动物临床常见的症状，致病原因众多。因此获得合理的诊断假设，并且最终得出诊断结论的关键在于对具体皮损类型及分布模式的仔细检查和记录，识别原发和继发皮肤病灶，以及充分考虑到导致瘙痒和皮屑的各种局部和全身性病因。

索引

注：按照拼音首字母顺序排列。斜体页码为示意图，粗体页码为表格

D

Z